古树名木保护与复壮技术案例

林建勇　何应会　黄耀恒　梁瑞龙　等　编著

图书在版编目(CIP)数据

古树名木保护与复壮技术案例 / 林建勇等编著. --
北京 : 中国林业出版社, 2024.1
ISBN 978-7-5219-2514-2

Ⅰ. ①古… Ⅱ. ①林… Ⅲ. ①树木—植物保护—案例
Ⅳ. ①S76

中国国家版本馆CIP数据核字(2024)第004554号

策划编辑：李　敏
责任编辑：王美琪　李　敏
封面设计：北京八度出版服务机构

————————————————————

出版发行：中国林业出版社
（100009，北京市西城区刘海胡同 7 号，电话 010-83143575）
电子邮箱：cfphzbs@163.com
网址：www.forestry.gov.cn/lycb.html
印刷：河北京平诚乾印刷有限公司
版次：2024 年 1 月第 1 版
印次：2024 年 1 月第 1 次
开本：787mm×1092mm　1/16
印张：12
字数：306 千字
定价：128.00 元

本书编委会

主　任： 韦鼎英

副主任： 尹国平　尹承颖

主　编： 林建勇　何应会　黄耀恒　梁瑞龙

副主编： 梁　旭　邓诗成　韦颖文　陆珍先

编　委：（按拼音排序）

陈健虹[1]　崔芸瑜[1]　邓诗成[2]　何应会[1]　和秋兰[1]　黄红宝[1]
黄耀恒[1]　姜冬冬[1]　蒋骏晖[3]　蒋日红[1]　李健玲[1]　李锦华[5]
梁圣华[1]　梁瑞龙[1]　梁　旭[4]　林建勇[1]　陆珍先[5]　孟鹏杰[2]
秦　波[1]　汪　丽[6]　韦颖文[1]　玉　莹[4]　于永辉[5]　张卫斌[7]
周寒茜[1]

编委单位： 1. 广西壮族自治区林业科学研究院

2. 广西自贸区及时雨绿化管理有限公司
3. 广西壮族自治区绿化委员会办公室
4. 玉林市林业局
5. 广西壮族自治区国有高峰林场
6. 湖南省林业资源调查监测评价中心
7. 贺州市八步区林业局

古树名木是森林资源中的瑰宝，是自然界和前人留下来的珍贵遗产，客观记录和生动反映了社会发展和自然变迁的痕迹。同时，古树名木也是珍贵的基因资源、难得的旅游资源、独特的文化资源，具有多方面的重要价值。习近平总书记2021年4月在广西全州县毛竹山村考察时，说了一段意味深长的话："我是对这些树龄很长的树，都有敬畏之心。人才活几十年？它已经几百年了。""环境破坏了，人就失去了赖以生存发展的基础。谈生态，最根本的就是要追求人与自然和谐。要牢固树立这样的发展观、生态观，这不仅符合当今世界潮流，更源于我们中华民族几千年的文化传统。"

加强古树名木保护是全面贯彻党的十八大和十八届三中、四中、五中全会会议精神，深入贯彻习近平总书记系列重要讲话精神的具体体现，是推进生态文明建设、促进人与自然和谐的必然要求，是传承历史文化、发展先进生态文化的迫切需要，是保护生态资源、维护生物多样性的重要举措。古树名木，大多生长时间久远，由于环境、人为、自然灾害、病虫危害等原因，造成古树名木衰老及死亡。因此必须采取抢救性措施，加强对古树名木的管理和养护来延缓其衰老。

为保护好古树名木，发挥好古树名木独特的旅游、文化资源，我们整理了古树名木保护过程中的古树树龄估测技术、古树名木普查及复壮技术、古树名木移植技术，并展示了近年来我们在广西、湖南实施的几例古树名木复壮案例，收集了广西、湖南、安徽等地古树名木保护品牌典型案例，在以上的基础上编写了本书。由于水平有限，书中遗漏与欠妥之处在所难免，敬请各位读者批评指正。

编著者

2023年11月

目 录

第1章

基本概念与树龄估测

古树是指树龄在100年以上的树木。名木是指具有重要历史、文化、景观与科学价值和具有重要纪念意义的树木。

2000年9月，中华人民共和国建设部颁布的《城市古树名木保护管理办法》，明确规定了古树是指树龄超过100年的树木，名木是指我国珍稀、濒危或者具有重大历史价值或重要纪念意义的树木。国家林业局于2016年发布了《全国绿化委员会关于进一步加强古树名木保护管理的意见》及《古树名木鉴定规范》(LY/T 2737—2016)、《古树名木普查技术规范》(LY/T 2738—2016)2个行业标准，规范了古树名木鉴定和普查技术。

2001年，全国绿化委员会办公室组织开展了第一次全国古树名木资源普查。2015—2021年，开展了第二次全国古树名木资源普查，并于2022年9月9日发布了普查结果，普查范围内的古树名木共计508.19万株，包括散生122.13万株和群状386.06万株，分布在城市的有24.66万株，分布在乡村的有483.53万株。

1.1 古树定义与分级

1.1.1 古树定义

古树是指树龄在100年以上的树木，并按树龄划分不同等级，分级管理，分级保护。因此，鉴定古树树龄，对制定古树保护策略，十分重要。

1.1.2 古树保护等级划分

《北京市古树名木保护管理条例》规定，树龄在300年以上的树木为一级古树；树龄100～299年为二级古树。《古树名木鉴定规范》(LY/T 2737—2016)、《古树名木普查技术规范》(LY/T 2738—2016)规定，古树保护分为三级，树龄500年以上的树木为一级古树，树龄300～499年的树木为二级古树，树龄100～299年的树木为三级古树。

《国家园林城市系列标准》规定，树龄在50年以上、100年以下树木，作为古树后备资源重点保护。

《广西壮族自治区古树名木保护条例》规定，树龄在1000年以上的古树实行特级保护，树龄在500年以上、不满1000年的古树实行一级保护，树龄在300年以上、不满500年的古树实行二级保护，树龄在100年以上、不满300年的古树实行三级保护。树龄在80年以上、不满100年的树木作为古树后续资源（准古树），参照三级古树保护措施实行保护。

1.1.3 古树树龄鉴定

古树树龄鉴定，是古树普查和保护中最重要技术指标。根据《古树名木鉴定规范》(LY/T 2737—2016)、《古树名木普查技术规范》(LY/T 2738—2016)规定，根据树木健康状况、当地技术条件、设备条件和历史档案资料情况，在不影响树木生长的前提下，按文献追踪法、年轮与直径回归估测法、访谈估测法、针测仪测定法、年轮鉴定法、CT扫描测定法、碳十四测定法等7种方法，选择合适的方法进行树龄鉴定。

然而，实际操作中我们发现，这些办法可操作性不高。有文献记录的古树少之又少，能获取树干解析资料的仅有马尾松（*Pinus massoniana*）、杉木（*Cunninghamia lanceolata*）等几种常规栽培用材树种，但树龄普遍较短；实地考察和走访当地老人，80岁以上老人少

之又少，且这些老人对常见的树木大多缺乏记忆；针测仪、生长锥、CT扫描设备投资及技术要求较高或对古树有破坏性；碳十四测定法要求采集生长基部树芯木样进行分析，加上成本因素，对鲜活古树树龄鉴定亦不可操作。

在实际操作中，多数情况都是调查员随意填写。笔者于2016年曾对一村屯数株古树树龄进行调研，一株高山榕（*Ficus altissima*）胸径325cm，有10余条径粗约30cm的气生根，已是独木成林，但树龄记录为114年。而相距约1km的几株高山榕，胸径不足100cm，亦记作树龄114年。

为解决树龄鉴定问题，我们查找了大量标准地材料、解析木材料及南方各地古树名木树龄资料，采用数学模型拟合方式，拟合了马尾松、细叶云南松（*Pinus yunnanensis* var. *tenuifolia*）、华南五针松（*Pinus kwangtungensis*）、短叶黄杉（*Pseudotsuga brevifolia*）、黄杉（*Pseudotsuga sinensis*）、黄枝油杉（*Keteleeria davidiana* var. *calcarea*）、油杉（*Keteleeria fortunei*）、江南油杉（*Keteleeria fortunei* var. *cyclolepis*）、矩鳞油杉（*Keteleeria fortunei* var. *oblonga*）、银杉（*Cathaya argyrophylla*）、铁杉（*Tsuga chinensis*）、杉木、水松（*Glyptostrobus pensilis*）、柏木（*Cupressus funebris*）、福建柏（*Fokienia hodginsii*）、罗汉松（*Podocarpus macrophyllus*）、鸡毛松（*Dacrycarpus imbricatus*）、南方红豆杉（*Taxus wallichiana* var. *mairei*）、银杏（*Ginkgo biloba*）、鹅掌楸（*Liriodendron chinense*）、香子含笑（*Michelia gioii*）、醉香含笑（*Michelia macclurei*）、白兰（*Michelia* × *alba*）、香木莲（*Manglietia aromatica*）、观光木（*Tsoongiodendron odorum*）、樟树（*Cinnamomum camphora*）、闽楠（*Phoebe bournei*）、红楠（*Machilus thunbergii*）、潺槁木姜子（*Litsea glutinosa*）、台湾鱼木（*Crateva formosensis*）、阳桃（*Averrhoa carambola*）、紫薇（*Lagerstroemia indica*）、尾叶紫薇（*Lagerstroemia caudata*）、茶（*Camellia sinensis*）、油茶（*Camellia oleifera*）、木荷（*Schima superba*）、银木荷（*Schima argentea*）、望天树（*Parashorea chinensis*）、广西青梅（*Vatica guangxiensis*）、水翁蒲桃（*Syzygium nervosum*）、乌墨（*Syzygium cumini*）、竹节树（*Carallia brachiata*）、金丝李（*Garcinia paucinervis*）、蚬木（*Excentrodendron tonkinense*）、广西火桐（*Firmiana kwangsiensis*）、苹婆（*Sterculia monosperma*）、银叶树（*Heritiera littoralis*）、木棉（*Bombax ceiba*）、乌桕（*Triadica sebifera*）、重阳木（*Bischofia polycarpa*）、秋枫（*Bischofia javanica*）、枇杷（*Eriobotrya japonica*）、海红豆（*Adenanthera microsperma*）、格木（*Erythrophleum fordii*）、任豆（*Zenia insignis*）、顶果木（*Acrocarpus fraxinifolius*）、中国无忧花（*Saraca dives*）、土沉香（*Aquilaria sinensis*）、皂荚（*Gleditsia sinensis*）、酸豆（*Tamarindus indica*）、槐（*Styphnolobium japonicum*）、肥荚红豆（*Ormosia fordiana*）、枫香树（*Liquidambar formosana*）、日本杜英（*Elaeocarpus japonicus*）、黄杨（*Buxus sinica*）、杨梅（*Morella rubra*）、钩锥（*Castanopsis tibetana*）、米槠（*Castanopsis carlesii*）、甜槠（*Castanopsis eyrei*）、栲（*Castanopsis fargesii*）、红锥（*Castanopsis hystrix*）、苦槠（*Castanopsis sclerophylla*）、栓皮栎（*Quercus variabilis*）、麻栎（*Quercus acutissima*）、大叶榉树（*Zelkova schneideriana*）、榔榆（*Ulmus parvifolia*）、青檀（*Pteroceltis tatarinowii*）、朴树（*Celtis sinensis*）、白颜树（*Gironniera subaequalis*）、见血封喉（*Antiaris toxicaria*）、波罗蜜（*Artocarpus heterophyllus*）、榕树（*Ficus microcarpa*）、垂叶榕（*Ficus benjamina*）、菩

提树（*Ficus religiosa*）、黄葛榕（*Ficus virens*）、高山榕、鹊肾树（*Streblus asper*）、扣树（*Ilex kaushue*）、铁冬青（*Ilex rotunda*）、黄皮（*Clausena lansium*）、齿叶黄皮（*Clausena dunniana*）、橄榄（*Canarium album*）、香椿（*Toona sinensis*）、红椿（*Toona ciliata*）、麻楝（*Chukrasia tabularis*）、荔枝（*Litchi chinensis*）、龙眼（*Dimocarpus longan*）、无患子（*Sapindus saponaria*）、杧果（*Mangifera indica*）、扁桃（*Mangifera persiciforma*）、南酸枣（*Choerospondias axillaris*）、黄连木（*Pistacia chinensis*）、人面子（*Dracontomelon duperreanum*）、枫杨（*Pterocarya stenoptera*）、喙核桃（*Annamocarya sinensis*）、青钱柳（*Cyclocarya paliurus*）、柿（*Diospyros kaki*）、紫荆木（*Madhuca pasquieri*）、铁线子（*Manilkara hexandra*）、肉实树（*Sarcosperma laurinum*）、桂花（*Osmanthus fragrans*）、女贞（*Ligustrum lucidum*）、鸡蛋花（*Plumeria rubra*）、糖胶树（*Alstonia scholaris*）、红鳞蒲桃（*Syzygium hancei*）、菜豆树（*Radermachera sinica*）、臭椿（*Ailanthus altissima*）等117个树种的胸径生长模型。

野外调查时，可根据调查树木的胸径值，并参考立地条件，迅速估算调查树木的树龄。具体使用方法如下：

（1）测定胸径

用软尺测定胸径，精确小数点1位。胸径测定位置在胸高1.3m处，但遇下列情况，应进行调整，如图1–1所示。

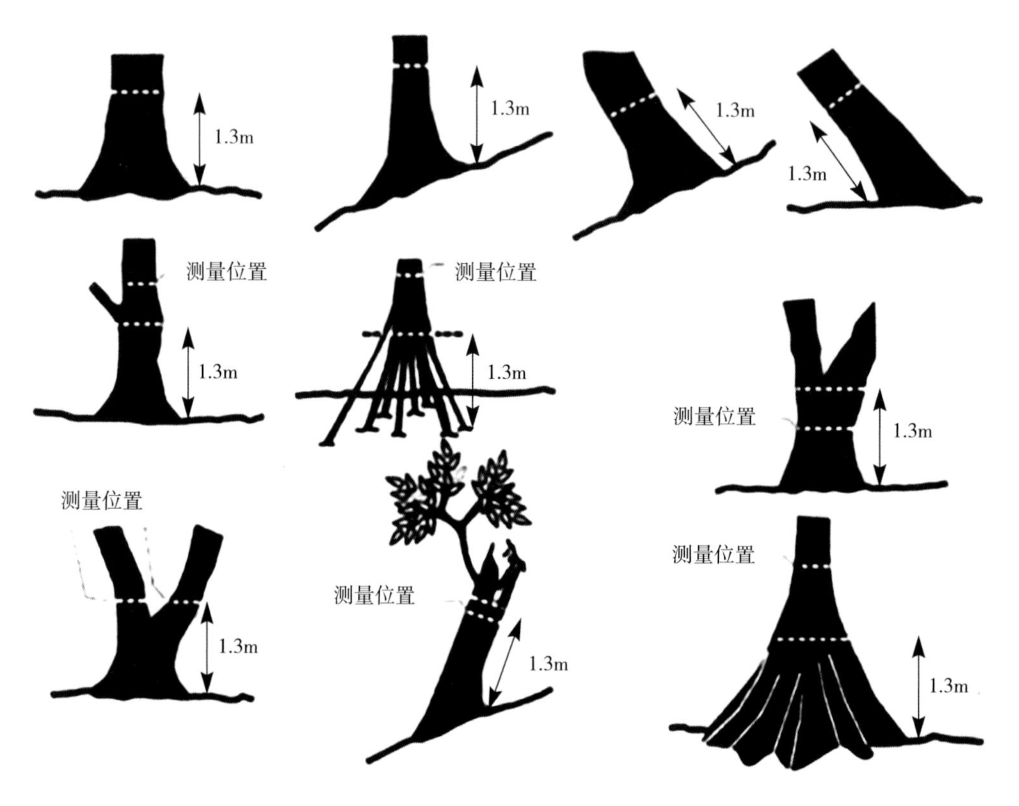

◆图1–1　胸径测定示意

（2）判定立地条件

根据树木生长环境，判定立地条件。立地条件分极好、好、中、差、极差5个等级。

（3）查定树龄

根据胸径生长模型查定树龄，并依立地条件进行适当调整。立地条件极好时，向下调整2级（500年以下调减10%，500年以上调减20%）；立地条件好时，向下调整1级（500年以下调减5%，500年以上调减10%）；立地条件中等，不调整；立地条件极差，向上调整2级（500年以下增加10%，500年以上增加20%）；立地条件差，向上调整1级（500年以下增加5%，500年以上增加10%）。

对本模型没有列入的树种，调查员可根据经验选择生长速度相近的树种的模型进行参考。

（4）确定估测树龄

估测树龄以胸径生长模型（附件1）查定树龄为基础，结合走访老人、调查员经验，综合分析确定。

1.2 名木定义及其确定

根据《古树名木鉴定规范》（LY/T 2737—2016）规定，具有重要历史、文化、观赏与科学价值或具有重要纪念意义，并符合下列条件之一的树木属于名木的范畴：

①国家领袖人物、外国元首或著名政治人物所植树木；

②国内外著名历史文化名人、知名科学家所植或咏题的树木；

③分布在名胜古迹、历史园林、宗教场所、名人故居等，与著名历史文化名人或重大历史事件有关的树木；

④列入世界自然遗产或世界文化遗产保护内涵的标志性树木；

⑤树木分类中作为模式标本来源的具有重要科学价值的树木；

⑥其他具有重要历史、文化、观赏和科学价值或具有重要纪念意义的树木。

然而，在实际操作中仍具难度，操作中需严格鉴别，尤其针对第⑤条、第⑥条所规定的树木，要严格把握。如银杉为中国特有植物，有“活化石植物”“植物中的大熊猫”“华夏森林瑰宝”“林海珍珠”之称。银杉为1954年广西植物研究所钟济新教授在广西临桂花坪林区调查时发现，但生长最好的是保存于广西金秀瑶族自治县大瑶山自然保护区的一株银杉，其胸径90cm，树高15m，冠幅11.5m。广西古树名木资源普查时，将大瑶山保护区的这株“银杉王”定为名木。

资源冷杉（*Abies ziyuanensis*）于1979年在广西资源县被发现而命名，系中国南岭山地新发现的冷杉属树种，是中国特有的第四纪冰期遗留下来的“植物活化石”，全球极濒危的珍稀树种之一，被世界自然保护联盟（IUCN）列为全球重点保护的针叶树，仅分布于湖南炎陵、新宁、城步及广西资源等区域。资源冷杉对研究中国南部植物区系的发生和演变，以及古气候、古地理，特别是有关第四纪冰期气候有重要价值和科研意义。广西第二次古树名木资源普查时，发现树龄超过80年的资源冷杉古树有21株，为保护这一极度濒危物种，将最大的一株资源冷杉确定为名木。

第2章

古树名木普查技术

根据《古树名木普查技术规范》（LY/T 2738—2016）规定，每10年进行一次全国性的古树名木普查，地方可根据实际需要适时组织资源普查。古树名木普查工作量大、技术要求高。根据全国第二次古树名木普查技术与经验，本书总结出普查流程与技术方法，以降低对调查队员专业水平的要求，增强普查方法的实用性。

2.1 技术准备

调查前，需对调查区古树名木资源、古树名木主要树种及分布情况有大概了解，并进行调查前踏查。根据掌握的资料，做好以下技术准备工作：

①调查区域古树基本情况；

②调查区域古树名木胸径—树龄资料，修正古树名木胸径生长模型；

③调查区域《古树名木树种识别图册》；

④编辑印刷《古树名木调查手册》；

⑤古树名木数据管理软件系统。

2.2 技术支撑

成立植物分类、古树名木保护专家组，建立技术交流QQ群、微信群。

2.3 技术培训

2.3.1 室内培训

参加人员：领导小组及办公室成员、专家顾问组成员、技术负责单位专业技术人员、各县（市、区）参与调查的主要技术骨干。

培训内容：

①调查的主要技术标准；

②调查仪器的使用方法和操作要求；

③调查软件的使用，包括数据录入、上传、审核、汇总；

④调查表格的填写要求；

⑤植物识别；

⑥安全生产、职业道德、质量意识。

2.3.2 野外实习

参加人员：部分专家顾问组成员、技术负责单位专业技术员、各县（市、区）调查队主要成员。

实习内容：选择古树名木，组织所有专业调查队员进行野外实习。实习时，将学员分成若干个组，在专家的指导下进行外业调查练习，使调查队员熟悉整个外业调查的工作流程、技术要求和软件使用方法。

2.4 摸底调查

调查前，应向各乡镇、行政村、街道办事处发放宣传资料，由各乡镇、行政村及街道

办事处动员基层群众，积极上报当地古树名木信息。

2.5 古树名木资源普查

2.5.1　普查范围

根据《古树名木普查技术规范》(LY/T 2738—2016)规定，普查以县(市、区)为单位，逐村、逐单位、逐株进行全覆盖实地实测，不留死角。然而，对自然保护区等人员难以到达的地段，尤其是自然保护区核心区，交通不便，树木保护较好，调查保护的迫切性不高，限于技术、经费及古树名木保护现状，建议对这些调查难度较大的古树暂不调查。

2.5.2　普查内容

2.5.2.1　普查器材准备

地理定位：利用手机定位，使用手机定位软件测定经度、纬度、海拔。

照相：使用高像素的数码相机(1000万像素以上)或手机(4000万像素以上)。

测树：使用皮卷尺测定胸径、冠幅，使用相对比例法估测树高。

记录表格：包括《古树名木每木调查表》《古树群调查表》。

相关资料：包括调查区域古树基本情况资料、调查区域《古树名木树种识别图册》《古树名木调查手册》。

2.5.2.2　每木观测与调查

现场观测与调查以县(市、区)为实施单位，要求对县(市、区)范围内，逐乡、逐村、逐屯进行调查。对每株古树名木进行现场观测，确定树种、树龄、位置、权属、生长势、保护价值、保护现状等，并填写《古树名木每木调查表》(表2-1)。具体调查填表细则如下。

①古树编号：野外无需填写，待内业整理时，由数据管理系统自动编号。

②调查号：外业调查以县(区、市)为单位统一用阿拉伯数字编写调查号，4位数。同一县(区、市)调查号不可重复。

③树种：填写中文名(应填写通用名称)、别名(可填写俗名、土名)。拉丁名、科、属，待内业整理时，由数据管理系统自动输入。对于无把握识别的树种，可拍摄花、果、叶序、叶片及整株照片，联系专家鉴定。

④位置：填写古树名木所在的具体位置，小地名要准确。使用手机定位，测定准确的地理坐标值并记录于表格上，单位为“度”，格式为十进制，保留4～5位小数。

手机定位软件使用时需提前开启，开启约5分钟后获得较强卫星信号，定位精度较高时才能采集经度、纬度及海拔数据。

⑤特点：根据古树名木实际生长状况，填写“散生”或“群状”，若填写“群状”，则需填写古树群号。

⑥权属：分国有、集体、个人和其他，据实确定，打“√”表示。

⑦名木类别：名木分3类，即纪念树、友谊树和珍贵树。

纪念树：包括国家领袖人物、著名政治人物所植树木；国内著名历史文化名人、知名科学家所植或咏题的树木；分布在名胜古迹、历史园林、宗教场所、名人故居等，与著名

表2-1　古树名木每木调查表

____________省（自治区）____________市____________县（市、区）

<table>
<tr><td>古树编号</td><td colspan="2"></td><td colspan="2">★调查号：</td><td>原挂牌号：</td></tr>
<tr><td rowspan="2">树　种</td><td colspan="2">★中文名：</td><td colspan="3">别名：</td></tr>
<tr><td colspan="2">拉丁名：</td><td colspan="2">科：</td><td>属：</td></tr>
<tr><td rowspan="3">★位　置</td><td colspan="2">乡镇（街道）：</td><td colspan="2">村（居委会）：</td><td>小地名：</td></tr>
<tr><td colspan="5">生长场所：①远郊野外 ②乡村街道 ③城区 ④历史文化街区 ⑤风景名胜古迹区</td></tr>
<tr><td colspan="2">纬度：</td><td colspan="3">经度：</td></tr>
<tr><td>★特　点</td><td colspan="2">①散生　②群状</td><td>权属</td><td colspan="2">①国有 ②集体 ③个人 ④其他</td></tr>
<tr><td>★名木类别</td><td colspan="2">①纪念树　②友谊树　③珍贵树</td><td colspan="2">栽植人：</td><td>栽植时间：</td></tr>
<tr><td>特征代码</td><td colspan="2"></td><td colspan="3"></td></tr>
<tr><td>树　龄</td><td colspan="3">真实树龄：　年</td><td colspan="2">估测树龄：　年</td></tr>
<tr><td>古树等级</td><td colspan="2">①一级 ②二级 ③三级 ④准古树</td><td colspan="2">★树高：　米</td><td>★胸径：　厘米</td></tr>
<tr><td>冠　幅</td><td colspan="2">平均：　米</td><td colspan="2">★东西：　米</td><td>★南北：　米</td></tr>
<tr><td>立地条件</td><td>海拔：</td><td>坡向：</td><td>坡度：　度</td><td>坡位：</td><td>土壤名称：</td></tr>
<tr><td>★生长势</td><td colspan="2">①正常株 ②衰弱株 ③濒危株
④死亡株</td><td colspan="2">★生长环境</td><td>①良好 ②差 ③极差</td></tr>
<tr><td>影响生长
环境因素</td><td colspan="5"></td></tr>
<tr><td>现存状态</td><td colspan="5">①正常　②移植　③伤残　④新增</td></tr>
<tr><td>★古树历史
（限300字）</td><td colspan="5"></td></tr>
<tr><td>★管护单位（个人）</td><td colspan="2"></td><td colspan="2">★管护人</td><td></td></tr>
<tr><td>树木特殊状况描述</td><td colspan="5"></td></tr>
<tr><td>树种鉴定记载</td><td colspan="5"></td></tr>
<tr><td>地上保护现状</td><td colspan="5">①护栏 ②支撑 ③封堵树洞 ④砌树池 ⑤包树箍 ⑥树池透气铺装 ⑦其他</td></tr>
<tr><td>养护复壮现状</td><td colspan="5">①复壮沟 ②渗井 ③通气管 ④幼树靠接 ⑤土壤改良 ⑥叶面施肥 ⑦其他</td></tr>
<tr><td>照片及说明</td><td colspan="5"></td></tr>
</table>

注：凡标示★，为现场必须填写项目。
调查人：　　年　　月　　日　　　　审核人：　　年　　月　　日

历史文化名人或重大历史事件有关的树木；列入世界自然遗产或世界文化遗产保护内涵的标志性树木。

友谊树：外国元首、国外著名历史文化名人或知名科学家所植或咏题的树木。

珍贵树：树木分类中作为模式标本来源的具有重要科学价值的树木和其他具有重要历史、文化、观赏和科学价值或具有重要纪念意义的树木。

纪念树、友谊树，还需填写栽植人、栽植时间，并在“古树历史”一栏填写更详细信息。

（8）特征代码：野外无需填写，待内业整理时，由数据管理系统自动编号。

（9）树龄：分真实树龄、估测树龄填写。凡是有文献、史料及传说有据可查的视作真实树龄；估测树龄估测前要认真走访，并根据胸径生长模型法估算古树树龄法推算古树名木树龄。

（10）古树等级：野外无需填写，待内业整理时，由数据管理系统自动填写。

根据《古树名木鉴定规范》（LY/T 2737—2016）、《古树名木普查技术规范》（LY/T

2738—2016）规定，树龄500年以上为一级古树，树龄300～499年以上为二级古树，树龄100～299年以上为三级古树。

《国家园林城市系列标准》规定，树龄在50～99年的古树作为古树后备资源重点保护。《广西壮族自治区古树名木保护条例》规定，树龄在80～99年的树木作为古树后续资源，称作准古树。

（11）树高：用测高仪、测高杆实测，亦可采用相对比照法估测树高，单位为米，保留1位小数。

（12）胸径：直接用测径尺测量胸径或皮尺测量胸围，再换算成胸径，胸径＝胸围/3.1415，单位为厘米。

（13）冠幅：分东西、南北两个方向量测，以树冠垂直投影确定冠幅宽度，单位为米，保留1位小数。平均冠幅由数据管理系统自动填写。

（14）立地条件：包括海拔、坡向、坡度、坡位、土壤类型。

海拔，采用手机定位，测定准确海拔，取整数。

坡向，分为9种，即北坡、东北坡、东坡、东南坡、南坡、西南坡、西坡、西北坡和无坡向。

坡度，分为6级，即平坡（坡度<5°）、缓坡（坡度5°～14°）、斜坡（坡度15°～24°）、陡坡（坡度25°～34°）、急坡（坡度35°～44°）、险坡（坡度≥45°）。

坡位，分脊部、上部、中部、下部、山谷、平地6个坡位。

土壤类型，包括砖红壤、赤红壤、红壤、黄红壤、黄壤、黄棕壤地域土壤和滨海盐土、石灰土、紫色土、硅质白粉土、冲积土、山地草甸土局域土壤。

（15）生长势：根据树木的生长情况确定其生长势等级，分正常株、衰弱株、濒死株、死亡株4级，在调查表相应项上打“√”表示。死亡古树无需调查。

（16）生长环境：根据实际情况填写，分良好、差、极差3类。

（17）影响生长环境因素：填写影响古树生长的特殊环境因素，如地面硬化、树池过小、寄生、绞杀植物等。

（18）现存状态：根据实际情况填写，分正常、移植、伤残、新增4类。

（19）古树历史：简明记载群众中或历史上流传的对该树的各种传奇故事，以及与其有关的名人轶事和奇特怪异性状的传说等。字数多的可以记在该树卡片的背后，字数在300字以内。

（20）管护单位（个人）：根据调查情况，如实填写具体负责管护古树名木的单位或个人。

（21）树木特殊状况描述：包括奇特、怪异性状描述，如树体连生、基部分叉、雷击断梢、根干腐等。如有严重病虫害，简要描述种类及发病状况。

（22）树种鉴定记载：填写树种鉴定过程，如现场鉴定为某种或原挂古树名木保护牌为某种，后经反复比对树木志，鉴定为另一种。

（23）地上保护现状：据实填写，包括护栏、支撑、封堵树洞、砌树池、树箍、树池透气铺装或其他。

（24）养护复壮现状：据实填写，包括复壮沟、渗井、通气管、幼树靠接、土壤改良、叶面施肥或其他。

（25）照片及说明：每株至少拍摄3张照片，至少包括全株、叶或叶序。

2.5.2.3 古树群观测与调查

若有3株以上古树成群生长，形成特定生境的古树群体，还应进行古树群调查。古树群调查的同时，要对群内古树进行每木调查，并记录该古树是否属于群内古树及古树群调查号。

古树群现场观测与调查除进行单株古树的现场观测与调查内容以外，还需要附加以下观察内容：主要树种、面积、古树株数、林分平均高度、林分平均胸径、平均树龄、郁闭度、下木、地被物、管护现状、人为经营活动情况、目的保护树种和管护单位等。古树群调查结果应填写《古树群调查表》（表2-2）。

表2-2 古树群调查表

________省（自治区）________市________县（市、区）

<table>
<tr><td>★地　　点</td><td colspan="10">乡镇（街道）：　　村（居委会）：　　小地名：</td></tr>
<tr><td>★古树群编号</td><td colspan="3"></td><td colspan="5">★调查号</td><td colspan="2"></td></tr>
<tr><td rowspan="4">★树　　种</td><td colspan="10">树种1：　　科名：　　属名：</td></tr>
<tr><td colspan="10">树种2：　　科名：　　属名：</td></tr>
<tr><td colspan="10">树种3：　　科名：　　属名：</td></tr>
<tr><td colspan="10">树种4：　　科名：　　属名：</td></tr>
<tr><td rowspan="2">★四至界限
（GPS坐标）</td><td colspan="4">东至：</td><td colspan="6">西至：</td></tr>
<tr><td colspan="4">南至：</td><td colspan="6">北至：</td></tr>
<tr><td>★面　　积</td><td colspan="2">公顷</td><td colspan="5">★古树株数</td><td colspan="3"></td></tr>
<tr><td>★林分平均高度</td><td colspan="2">米</td><td colspan="8">★林分平均胸径　　厘米</td></tr>
<tr><td>★平均树龄</td><td colspan="6">年</td><td colspan="4">郁闭度：</td></tr>
<tr><td rowspan="2">立地条件</td><td colspan="3">土壤类型：</td><td colspan="7">★土层厚度　　厘米</td></tr>
<tr><td>海拔：</td><td colspan="2">坡向：</td><td colspan="5">坡度：　　度</td><td colspan="2">坡位：</td></tr>
<tr><td rowspan="2">下　　木</td><td>种类</td><td colspan="4"></td><td colspan="4"></td><td></td></tr>
<tr><td>密度（株/m²）</td><td colspan="4"></td><td colspan="4"></td><td></td></tr>
<tr><td rowspan="2">地　　被</td><td>种类</td><td colspan="4">灌木</td><td colspan="4">草本</td><td>地衣</td></tr>
<tr><td>盖度（%）</td><td colspan="4"></td><td colspan="4"></td><td></td></tr>
<tr><td>管护状态</td><td colspan="10"></td></tr>
<tr><td>人为经营活动情况</td><td colspan="10"></td></tr>
<tr><td>★目的保护树种</td><td colspan="10">种名1：　　科　　属
种名2：　　科　　属</td></tr>
<tr><td>★管护单位</td><td colspan="10"></td></tr>
<tr><td>保护建议</td><td colspan="10"></td></tr>
<tr><td>备　　注</td><td colspan="10"></td></tr>
</table>

调查人：　　年　　月　　日　　　　审核人：　　年　　月　　日

①地点：从大地名到小地名，填到村委会和小地名。

②古树群编号：暂不填写，待内业整理时，由数据管理系统自动编号。

③调查号：即调查顺序号，按县（市、区）顺序编号，填写4位阿拉伯数字，即0001～9999。县（市、区）内调查号不可重复。

④树种：填写古树群中占大多数的古树树种名，按比例由多到少。仅填写树种中文名，科名、属名，待数据上传系统时自动录入。

⑤四至界限：在古树群的东南西北边界各测一点的GPS坐标。

⑥面积：利用GPS测定，在地形图上勾绘或现场估测确定。单位为公顷。

⑦古树株数：每株古树都确定后统计数量，包括后备古树或准古树。

⑧林分平均高度：取3株标准古树测其高度，取平均值作为平均高度。

⑨林分平均胸径：测量古树群中所有古树的胸径，取算术平均值，精确至小数点后1位。

⑩平均树龄：取3个树种或3株古树的平均树龄。

⑪郁闭度：样地内乔木树冠垂直投影覆盖面积与样地面积的比值，可采用对角线截距抽样法（即每隔2m设一个观测点，有树冠遮蔽时算一个郁闭点，用两条对角线上的郁闭点总数除以观测点总数而得）或目测法调查，精确到小数点后1位。

⑫立地条件：包括土壤类型、土层厚度、海拔、坡向、坡度、坡位等指标，与单株古树名木调查方法相同。

⑬下木：调查下木的种类和株数。

⑭地被：地被是由苔藓、矮小草本和矮小半灌木等构成，调查地被物的总盖度。灌木覆盖度指群落内灌木（含下层幼树）树冠垂直投影覆盖面积与群落面积的比值，采用对角线截距抽样法或目测法调查，按百分比记载，精确到5%。草本覆盖度指群落内草本植物垂直投影覆盖面积与群落面积的比例，采用对角线截距抽样法或目测法调查，按百分比记载，精确到5%。

⑮管护状态：调查是否有管护。

⑯人为经营活动情况：调查是否有人为经营活动。

⑰目的保护树种：填写需要保护的树种。

⑱管护单位：调查古树群落是否有管理单位并写明单位名称。

⑲保护建议：文字简单说明保护管理的建议。

2.5.2.4 照片拍摄与录像

每株古树名木均需拍摄全株、枝叶、花（或果实、种子），以及树木周围环境、原有挂牌的照片，每株古树名木拍摄照片至少3张。照片拍摄应使用1000万像素以上的数码相机，照片大小5M以上；或使用4000万像素以上的手机，照片大小3M以上。照片格式为JPG。照片要求对焦准确、曝光正确、图像清晰，以能够清晰反映调查对象的形态特征、生境特征和特色之处为原则，尤其需要突出古树名木的特色。

所拍摄的照片，应尽快（最好当天）导入电脑并进行编号整理，编号格式为“调查号—树种名称—序号”。

树龄1000年以上古树还需要进行录像，以反映树木的形态、生长环境和特色之处。

环境条件允许的需绕古树一周录像。

2.6 调查资料上报

调查材料，包括照片、录像资料，需及时上报古树名木管理系统。

2.7 调查质量管理

2.7.1 总体要求

各地要建立健全古树名木调查建档工作质量管理和技术责任制度，加强调查质量监督，逐级检查验收，发现问题及时纠正，切实把好调查工作质量关。

2.7.2 质量检查

2.7.2.1 检查内容

包括组织管理、外业普查和内业处理三个方面。

组织管理：包括传达执行国家关于古树名木普查建档工作的通知要求是否及时，组织机构和普查队伍是否及时成立，野外调查人员是否经过培训等。

外业普查：包括普查程序、普查方法、树种鉴定、株数登记、野外普查记录表格填写等方面。

内业处理：包括资料管理、数据统计汇总、普查工作总结报告、标本和彩色照片、汇总报表等方面。

2.7.2.2 检查数量

各县（市、区）普查结束后，要进行自检，在自检合格基础上，各市要逐县（市、区）组织抽查，抽查数量不少于普查总量的10%。省（自治区、直辖市）一级也要对各市的普查结果进行抽查，抽查数量不少于普查总量的5%，且在抽查量中必须有50%以上是市级未抽查过的。

2.7.2.3 检查方法

组织管理工作检查采取听取被检单位工作汇报、结合实际调查了解情况进行评定。

外业检查根据规定的检查数量，采用随机抽样的方法进行。检查地点一经抽取确定，不得随意更改。必须采用原调查方法并使用原调查工具。检查时由被检查单位的原调查人员陪同进行。

内业检查同样采用随机抽样的方法进行。根据规定的检查数量，随机抽取记录表格资料，检查数据汇总、数据处理及资料保存等情况。

认真做好各项检查记录，检查工作结束后提交检查报告。

2.7.2.4 质量评定

普查工作质量评定分以下4个等级。

优秀：树种鉴定正确率达95%以上，各项调查因子误差小于5%，树种及株数漏登率小于5%。

良好：树种鉴定正确率达95%以上，各项调查因子误差小于5%，树种及株数漏登率小于10%。

合格：树种鉴定正确率达90%以上，各项调查因子误差小于10%，树种及株数漏登率小于10%。

不合格：树种鉴定正确率在90%以下，各项调查因子误差大于10%，树种及株数漏登率大于10%。

2.7.3　质量保障

2.7.3.1　加强技术指导

专家组线上指导。通过QQ、微信进行专家线上答疑，解决树种鉴定、树龄鉴定等调查相关技术问题。

专家现场指导。组织专家，现场检查、指导古树名木普查工作。

上报数据库质量检查。下载上报调查数据，检查树种鉴定、树龄判定等技术问题，反馈问题处理办法。

2.7.3.2　加强信息调度工作

以省（自治区、直辖市）绿化委员会办公室名义，调查期间每月编发1期《古树名木调查简报》，通报各地古树名木调查进度，宣传介绍各地开展古树名木调查和管理的做法经验等。

2.7.3.3　质量保障措施

项目计划出版专著，并在网站上向社会公开一批古树图片资料，对各地已调查资料，已采用的图片、文字资料，均注明摄影作者和文字作者姓名，以激励提高调查质量。

2.8 普查结果认定与发布

2.8.1　鉴定机构

一、二、三级古树和名木均由所在县级绿化委员会负责组织专家鉴定。鉴定结果为一级古树和名木的报由省（自治区、直辖市）绿化委员会审定，二级古树报地市级绿化委员会审定，三级古树由县级绿化委员会自行审定。负责审定的省（自治区、直辖市）、市级绿化委员会对上报的鉴定结果有疑义的，可自行组织专家鉴定。

2.8.2　鉴定人员

负责普查结果鉴定的人员应由3名以上相关专业人员组成，其中至少1人具有高级职称。

2.8.3　结果认定与发布

对一级古树和名木的审定结果，由省（自治区、直辖市）绿化委员会报省（自治区、直辖市）人民政府认定后公布。对二级古树的审定结果，由市级绿化委员会报市级人民政府认定后公布，报省（自治区、直辖市）绿化委员会备案。对三级古树的审定结果，由县级绿化委员会报县级人民政府认定后公布。各地古树名木普查结果由省（自治区、直辖市）绿化委员会统一报全国绿化委员会备案。

第3章

古树名木复壮技术

古树名木是林木资源中的瑰宝，是自然界的璀璨明珠。从历史文化角度看，古树名木被称为“活文物”“活化石”，蕴藏着丰富的政治、历史、人文资源，是一座城市、一个地方文明程度的标志；从经济角度看，古树名木是我国森林和旅游的重要资源，对发展旅游经济具有重要的文化和经济价值；从植物生态角度看，古树名木为珍贵树木、珍稀和濒危植物，在维护生物多样性、生态平衡和环境保护中有着不可替代的作用。

古树名木大多生长于街道、村屯中央或四旁，受人为活动影响较大，在土壤冲蚀或土壤极紧实、生长环境差的条件下，加之古树名木树体多树龄较大，生长较为衰弱。同时，古树名木易受寄生植物、附生植物、爬藤植物及病虫害影响，树冠和树干极易折断甚至死亡，若有不合理保护措施，会加速古树名木衰老和死亡。

3.1 古树名木衰弱原因分析

3.1.1 过度保护

由于古树名木在历史、文化等方面的作用，各级政府及村民群众对保护古树名木有较高积极性，并采取各种措施保护古树名木免遭破坏。然而，由于措施不当，古树名木过度保护，影响古树名木生长，严重时使古树名木死亡。比较典型的例子为广西上思县的一株古榕树，20世纪50年代，著名电影《英雄虎胆》在这里拍摄过外景，很多来十万大山国家森林公园的游客都是为了一睹它的风采，这株古榕树也就成了上思县著名的景点之一。由于当地人希望该树生长更加茂盛，大量施用化肥，造成该树死亡。过度保护主要包括地面硬化、地下水稳层铺设、过小的树池、树蔸基部填土或挖掘土壤。

3.1.1.1 地面硬化，限制透水透气

过度保护，最为常见的例子是对古树名木下的地面进行全面硬化，铺装水泥，通常将水泥混凝土铺至紧贴树干，不留任何透水、透气孔隙。有些留有少许缝隙，但宽度极小。地面硬化，方便了人们生产、生活、憩息，但对古树名木的破坏却是致命的。因地面硬化，雨水无法流入土壤，根系无法吸收水分和养分，也阻隔了大气与土壤的气体交流，限制根系生长及土壤微生物活动。地面硬化会引起树木生长衰弱、枝叶稀疏、枝梢枯死、大枝枯腐，直至古树名木死亡。地面硬化对古树名木影响程度，因其生长位置、树木种类不同，会稍有区别。近水源地或榕属古树名木适应性会稍强，樟树抗性最弱。但是，在高度硬化条件下，立地优越，抗性强的榕属古树名木，也会出现枝叶稀疏、枝梢枯死、大枝枯腐，直至古树名木死亡现象。古树名木下地面过度保护的例子，中国南方各地都有。

广西桂林市临桂区五通镇江门村河坡屯河边有一株雅榕（*Ficus concinna*）古树，树龄1000年，胸径353cm。因过度保护，冠幅下地面完全被硬化，古树主干已腐，残存巨大的树桩，现有树冠是由树桩萌蘗的枝条形成，气生根沿枝干生长，形成巨大的树冠。村民们认为这株古树“极通人性”，经常有枯枝掉落，前几年还有大的枝干断落，树旁建有数间年代久远的民房，断落的树枝却从不伤及人员，也没有损坏房屋和树下停放的任何物品，枝干断落通常是在深夜，断枝常分节掉落。村民非常爱护这株古树，集资为古树建立了支撑（图3–1）。

广西容县黎村镇平洛村位于云开大山西侧，生长于村旁的一株古榕树，树龄410年，为该村社公树，树根基部地面已完全硬化，下坡方向为农田，水分尚充足，但古树生长差，部分枝干干枯（图3–2）。

◆图3-1　广西桂林市临桂区五通镇江门村雅榕古树

◆图3-2　广西容县黎村镇平洛村古榕树

广西柳城县大埔镇中寨村崖山景区内有一株黄葛榕，树龄1000年，胸径412.4cm，树干有大洞可容纳10多人，枝丫部分已腐烂，根裸露在外，形态怪状，气根贴着树干生长，高高耸立在河边，为游人提供一片荫凉。相传，刘三姐与阿牛哥乘竹排到柳城境内凤山镇的岔河口村，为了迷惑恶霸莫怀仁，他俩丢弃竹排，双双跳入江中，此时，一条大鲤鱼浮出水面，将他俩驮在背上，二人逆水而上来到洛崖中寨村，暂居崖山的火烧岩洞内，以打鱼为生，不久被莫怀仁发现，并派家丁追赶而来。刘三姐和阿牛哥宁死不屈，双双从崖山山顶跳下，此时，一阵狂风卷来，将他们吹到此处，便化身变成这棵鸳鸯古榕。后来，当地村民将此树称为“三姐牛哥树”。长期以来，人们一直把此树当作神树保护、祭拜。此古树树根基部已完全硬化，枝丫部分已腐烂，树干有空洞（图3-3）。

广西灵川县公平乡联合村田洞屯有一株古樟树，树龄1000年，胸径358.6cm。树干在距地面3m处分出3个大枝丫，枝丫直立向上生长，最大枝丫径粗2m，由于过度保护，树下铺装了水泥，影响生长，其中2个枝丫已断，生长衰弱（图3-4）。

广西融水苗族自治县融水镇三合村有一株南酸枣古树，树龄1000年，胸径327cm，胸

◆图3-3　广西柳城县大埔镇中寨村黄葛榕古树

◆图3-4　广西灵川县公平乡联合村古樟树

围粗大，孤立生长于村寨后。由于地面全部硬化，树干基部有腐朽，树枝干枯，古树生长差（图3–5）。

广西隆林各族县桠杈镇弄徕村弄徕屯小学校园内有一株黄葛榕古树，树龄1000年，胸径420cm，树干基部地面已完全硬化，古树生长尚可，部分枝干干枯（图3–6）。

广西扶绥县新宁镇长沙村是抗日英雄国民革命军陆军第84军173师中将师长钟毅的故乡，该村小学为百年老校，校园旁有一株古樟树，树龄330年，2018年因校园亮化工程，古樟树下地面进行了全面硬化，硬化后翌年，古树濒危，枝丫大部分枯腐（图3–7）。

◆图3–5　广西融水苗族自治县融水镇三合村南酸枣古树

◆图 3-6　广西隆林各族县桠杈镇弄徕村黄葛榕古树

◆图 3-7　广西扶绥县新宁镇长沙村古樟树

广西象州县妙皇乡大梭村大梭屯有一株雅榕古树，树龄1000年，胸径315cm。树干距地面1.5m高处分出4个枝丫，枝丫螺旋状向四周散开。该树为本村社公树，树下有古庙，当地村民逢过年过节都会到此祭祀一番。由于地面硬化，枝丫大部枯腐，生长衰弱（图3-8）。

广西象州县大乐镇同庚村古樟树，树龄390年，胸径188cm。地面完全硬化，古树生长差，大部枝干干枯（图3-9）。

广西灵川县九屋镇塘社村枫杨古树，树龄1000年，胸径229.3cm。道路硬化，房屋建于古树旁，古树生长严重受限，树干完全中空（图3-10）。

广西资源县中峰镇官田村周家屯栓皮栎古树，树龄1200年，胸径149cm。该树生长于屋旁路边，树下四周已铺装水泥，全面硬化。树干圆满通直，树皮黑褐色，粗糙；树干距地面7m高处开始分叉，有部分枝丫已断；树顶端枯腐，树干已中空，有的枝丫断处腐烂成空洞（图3-11）。

广西资源县资源镇同禾村古桥头南方红豆杉古树，树龄1000年，胸径130cm。因道路及房屋建设，树干基部大部硬化，仅留极少空隙，树干已空心，几乎所有的枝丫已断，现在的枝丫均为后来重新长出（图3-12）。

◆图3-8　广西象州县妙皇乡大梭村雅榕古树

◆图3-9　广西象州县大乐镇同庚村古樟树

◆图3-10　广西灵川县九屋镇塘社村枫杨古树

◆图3-11　广西资源县中峰镇官田村栓皮栎古树

◆图 3–12　广西资源县资源镇同禾村南方红豆杉古树

广西北流市大坡外镇大坡外村湾塘屯海红豆古树，树龄180年，胸径110cm。因道路建设，树干基部大部硬化，仅留极少空隙，古树树干中空，但生长尚健壮（图3-13）。

广西灵川县潭下镇老街村下江田屯旁古樟树，树龄1000年，胸径300cm。树干在距地面高约2m处分出4个大枝丫，最大枝丫直径1.5m以上；枝丫斜向上生长，形成庞大树冠，枝干上布满附生蕨类，更显古树之苍老。2017年年初，古树名木普查时，该古樟树仍生长十分健壮，树冠枝叶浓郁。2018年，因道路建设从树旁经过，由于工程施工对古樟树根系的损伤及地面硬化，道路建设3年后，该株古树死亡（图3-14）。

◆图3-13
广西北流市大坡外镇大坡外村海红豆古树

◆图3-14
广西灵川县潭下镇老街村古樟树

3.1.1.2 地下水稳层，阻隔透水透气

水稳层是水泥稳定碎石层的简称，即采用水泥固结级配碎石，通过压实、养护完成。水稳层水泥用量一般为混合料的3%～6%，7天的无侧限抗压强度可达1.5～4.0MPa，较其他路基材料高。水稳层形成后遇雨不泥泞，表面坚实，是硬化路面的理想基层材料，被广泛用于道路建设、广场建设、生态草砖铺设等基础建设的地下隐性工程，能使硬化道路耐用，生态草砖稳定、耐用。地下水稳层因工程要求不同，厚度不同，通常为20～40cm（图3-15）。

水稳层对古树名木的负面影响一直被忽视。近年来，由于各地旅游工程、美丽乡村建设，在古树周边大量使用水稳层，其对古树名木生长影响日渐显现，表现为减少水分和空气渗透，影响树木对养分、水分和氧气的吸收和根系生长，树势生长日渐衰弱，严重时造成古树死亡。典型案例有广西贺州市八步区文庙雅榕古树、广西钦州市钦南区文峰街道刘永福故居龙眼古树、广西北流市荔枝公园荔枝古树。

广西贺州市八步区文庙雅榕古树，此树位于贺街镇河西村城厢中学临贺古城河西城址文庙前，树龄1000年，胸径302cm。临贺古城河西城址始建于东汉初年（约公元25年），是中国古代县治连续时间最长的城址之一，已经有2000多年的历史，如今为全国重点文物保护单位。

2020年，在恢复建设文庙过程中，建设方为古树建设了长宽约4m×4m树池，其他地面全面铺设大理石路面，后被当地古树管理部门发现，并要求全面拆除地面硬化。然而，忽视了地面下铺设的厚约40cm水稳层。1年后，发现古树严重落叶，树枝逐渐干枯，树干部分腐烂（图3-16、图3-17）。

◆图3-15 水稳层

◆图3-16　广西贺州市八步区文庙雅榕古树下地面硬化拆除

◆图 3-17　广西贺州市八步区文庙雅榕古树下地面硬化拆除，但未拆除水稳层

生长于广西钦州市钦南区文峰街道板桂街10号刘永福故居广场右侧一株龙眼古树，树龄180年，胸径61cm。该树树干中空，但果核小，果肉晶亮，果味极甜，已被国内多家研究机构选定为优树，采集穗条嫁接繁殖。果熟季，当地市民及外地游客常在该树冠下寻找掉落果实，哪怕是被蚂蚁蛀食，也要捡起洗净入口，其心情胜过买彩票中了大奖。然而，由于广场地砖下的水稳层影响根部透水、透气，龙眼古树生长差，部分细枝干枯。夏季常出现叶片萎蔫，地面淋水后，稍缓解萎蔫（图3-18）。

广西北流市荔枝公园位于北流市城南街道新松社区，有荔枝古树82株。82株荔枝古树分两部分，一部分地面铺设了广场透水砖，广场砖下设置了厚约20cm的水稳层；另一半仅铺设宽约50cm园路，树下栽植绿萝等地被。铺设水稳层的部分，荔枝枝叶稀疏，枝顶常有枯梢，果实稀少；没有铺设水稳层的部分，荔枝枝叶浓绿，果实常挂满枝头（图3-19、图3-20）。

◆图3-18　广西钦州市钦南区刘永福故居广场地面硬化，龙眼古树生长衰弱

◆图3-19　广西北流市荔枝公园地面硬化，荔枝古树生长衰弱

◆图3-20　广西北流市荔枝公园地面栽植地被，荔枝古树生长健壮

3.1.1.3 不合理的树池，限制根系生长

树池能保护树木，让车辆、行人远离古树名木根颈部，保持土壤疏松，有利于古树名木生长。然而，规格较小的树池，会严重限制古树生长。根据古树名木相关管理规范，树冠外延5m范围内，不宜有地面硬化、树池等限制水分流动和根系生长的硬质建筑。但是，古树名木大多生长于城镇街道、乡村四旁，需在保护古树名木和方便群众生产生活上寻找平衡，建设适当规格树池非常必要。目前，国内对树池规格尚没有标准要求，不同树种、不同立地、不同胸径的树木，树池规格不同。广西在2021—2022年古树名木破硬化行动中，提出树池的直径应为古树胸径的3倍，方便透水，利于根系生长（图3-21至图3-23）。

◆图3-21　树池太小

◆图 3-22　根系已长满树池

◆图 3-23　树池 + 地下水稳层

3.1.1.4 树蔸基部填土，影响根系生长

人们认为古树生长了数百年，生长适应性强，在道路建设或其他基础建设时，在树蔸基部大量填土，对古树生长影响不会太大。然而，树蔸基部大量填土，会对古树造成巨大伤害。根据我们观察，这种伤害因树种不同，伤害程度有差异。榕属树种适当填土损伤不大。对樟树伤害极大，若填土超过50cm，半年后古树生长明显衰弱，2～3年后大部分死亡。

广西梧州市龙圩区广平镇调村格木古树，树龄1300年，胸径134.4cm。当地政府为旅游开发，平整土地，树蔸基部填土约1m深，并伤及根系，造成部分树叶枯黄，影响生长。由于土壤填土不深，影响有限，半年后发出嫩叶，恢复生长（图3-24）。

广西昭平县黄姚镇，为建设小广场进行土建施工，平整土地，在古樟树下填土约100cm深，造成数株古樟树死亡（图3-25）。

◆图3-24　广西梧州市龙圩区广平镇调村格木古树

◆图3-25　广西昭平县黄姚镇古樟树

3.1.2　人为破坏

古树名木是林木资源中的瑰宝，是自然界的璀璨明珠，任何人为破坏行为都是违法或违规行为。然而，仍有不法之徒，铤而走险，对古树投放有毒物质，过度修枝或非法采伐。也有群众对古树名木保护的重要性不了解，在古树下违规建房或大量堆放柴草等引起安全隐患，严重危及古树生长。

3.1.2.1　投放有毒物，造成古树受伤甚至死亡

对古树名木投毒破坏，近年有加重之势。如湖南浏阳市破获的部督“6.06”古樟投毒案，共查明毒害古树团伙5个，已抓获涉案犯罪嫌疑人20人，在湖南、江西2省9县查明涉案现场31处，查明涉案古树43株，其中遭毒害的有35株。

广西荔浦市新坪镇黄竹村有一株千年闽楠古树，树龄1050年，胸径197cm，为广西胸径最粗、树龄最大的闽楠（图3-26）。2015年，犯罪分子对古树树干、树根钻孔，注射毒液，几日内树叶落光，后被荔浦林场护林员发现，并经荔浦市森林公安救护，半年后长出嫩叶，救治成功。然而，受毒害的古树表面虽树叶葱郁、树冠浓密，但树干内部则逐渐腐烂、空心。2020年6月，受台风影响，已严重空心的闽楠古树自根颈部折断（图3-27至图3-29）。

◆图3-26　广西荔浦市闽楠古树胸径197cm（摄于2016年12月）

◆图3-27　广西荔浦市闽楠古树树干基部受损（摄于2016年12月）

◆图3–28　广西荔浦市闽楠古树，树根被钻孔并注射毒液（摄于2016年12月）

◆图3–29　广西荔浦市闽楠古树，受台风折断，树干完全空腐（摄于2020年7月）

3.1.2.2 大量施用化学肥料，严重威胁古树生存

自然生长的古树名木，无需额外人工施肥。施肥会造成古树名木徒长，树冠重量暴增，易产生树干开裂、树冠拆断。但对生长势衰弱的古树，可通过人工施肥，补充肥料。施用30%氮磷钾含量的复混肥，胸径100cm的古树，施肥量控制在2kg/株为宜，每年施肥1～2次。由于古树名木保护知识普及不足，在古树名木日常管护中，时常大量施用化学肥料，其使用量为常规用量数倍甚至数十倍，造成古树肥料中毒。

3.1.2.3 不科学修枝或非法破坏古树，将受到法律处罚

根据古树名木保护相关规定，当古树名木的生长状况对公众生命、财产安全可能造成危害时，按照古树名木的保护级别，由相应的古树名木主管部门采取防护措施。采取防护措施后仍无法消除危害的，可以采取修剪等措施。严禁砍伐、推倒、推土掩埋古树，这些都是严重违法行为，都将受到法律法规的严重处罚。

然而，一些单位或个人，由于古树遮挡了阳光或影响了经济利益，对古树进行不科学修枝，严重损伤古树生长，此时应受到相关法规处罚。如2022年7月29日发生在广西富川瑶族自治县莲山镇龙山村古樟树非法修枝案，赵某文在未取得相关部门的审批下，以砍伐枯枝、维护古树名木正常生长，排除安全隐患为由，私自雇请升降机到莲山镇龙山村使用油锯砍伐樟树树枝，并雇请抓铲挖掘机、运输车辆装车后，准备将樟树树枝运走，被当地村民举报后，经当地公安机关查明涉案樟树共9株，其中8株为挂牌保护古树名木，犯罪嫌疑人赵某文已被依法采取刑事强制措施（图3–30）。

◆图3–30 广西富川瑶族自治县古樟树非法修枝案（500年树龄古樟树）

3.1.2.4 树干基部堆放大量柴草，火灾隐患大

在农村，有些村民对保护古树意识淡薄，在古树旁搭建木屋，堆放柴草，不但影响古树生长，也极易产生火灾，存在巨大安全隐患。

广西三江侗族自治县同乐乡寨大村雅榕古树，树龄1000年，古树生长于村中央，树下堆满木材、柴草，大小节日群众来此烧香，存在极大安全隐患（图3-31）。

广西象州县罗秀镇罗秀村黄葛榕古树，树龄1000年，古树下堆满垃圾、柴草等杂物，存在火灾隐患，同时垃圾易污染土壤，影响古树生长（图3-32）。

◆图3-31
广西三江侗族自治县同乐乡寨大村雅榕古树，树下堆满木材，存在极大安全隐患

◆图3-32
广西象州县罗秀镇罗秀村黄葛榕古树，树下堆满柴草，存在火灾隐患

3.1.3 生物因素

3.1.3.1 寄生植物

寄生植物，指以活的有机体为食，从绿色植物中取得其所需的全部或大部分养分和水分的一类植物。根据其能否进行光合作用，寄生植物又分半寄生植物和全寄生植物两类。

（1）半寄生种子植物

这类植物叶片有叶绿素，但根多为退化，寄生植物导管直接与寄主植物相连，从寄主植物内吸收水分和无机盐。半寄生植物以桑寄生科（Loranthaceae）的广寄生（*Taxillus chinensis*）、离瓣寄生（*Helixanthera parasitica*）、鞘花（*Macrosolen cochinchinensis*）、红花寄生（*Scurrula parasitica*）及檀香科（Santalaceae）的瘤果槲寄生（*Viscum ovalifolium*）等最为常见（图3–33至图3–37）。

◆图3–33 广寄生

◆图3-34　离瓣寄生

◆图3-35　寄生在古樟树上的鞘花

◆图3-36　红花寄生

◆图3-37　枫香槲寄生（*Viscum liquidambaricola*）

桑寄生科及檀香科的瘤果槲寄生植物的生命力极强，种子依靠鸟类取食，经鸟类排泄物传播种子，而传播到另一枝条或另一植株上，有的树木几乎全部被寄生占据。被寄生侵占的寄主，将产生一种名为“溶膜酵素”的物质，溶解寄主细胞膜，使寄生与寄主植物细胞融为一体，共同生长。然后，寄主植物被寄生部位变粗，膨胀肿大，养分被其吸收，枝条枯废，严重时整株死亡。

（2）全寄生植物

全寄生植物，没有叶片或叶片退化成鳞片状，不能进行正常的光合作用，导管和筛管与寄主植物相连，从寄主植物内吸收全部或大部分养分水分。主要包括旋花科（Convolvulaceae）、大花草科（Rafflesiaceae）、蛇菰科（Balanophoraceae）、列当科（Orobanchaceae）植物，中国南方以旋花科金灯藤（*Cuscuta japonica*）和菟丝子（*Cuscuta chinensis*）最为常见，危害最大（图3–38、图3–39）。

◆图3–38 菟丝子

◆图3–39　广西灵山县被金灯藤寄生的荔枝古树不结果

菟丝子类植物，其藤茎在空中旋转，碰到寄主就缠绕其上，在接触处形成吸根，进入寄主组织后，部分细胞组织分化为导管和筛管，与寄主的导管和筛管相连，吸取寄主的养分和水分。茎不断分枝伸长形成吸根，再向四周不断扩大蔓延，严重时整株寄主布满菟丝子，使受害植株生长不良，也有寄主因营养不良加上菟丝子缠绕引起全株死亡。

3.1.3.2　附生植物

附生植物，它们通常不会长得很高大，自身可进行光合作用，不会掠夺它所附着植物的营养与水分。这种生长模式的意义在于可以通过攀附于高大树木之上而使自己更好地吸收阳光。

附生植物最普遍的特点是附生在寄主植物水平的枝干上及枝干的分叉点上，因为这些地方最容易堆积尘土，有的低等植物甚至附生在叶片上。除了叶片附生的植物会对寄主的光照条件造成一定的影响外，附生植物一般不会对寄主造成损害。古树上常见的附生植物有肾蕨（*Nephrolepis cordifolia*）、鹿角蕨（*Platycerium wallichii*）、槲蕨（*Drynaria roosii*）、圆盖阴石蕨（*Davallia griffithiana*）、兰花类植物及量天尺（*Hylocereus undatus*）等（图3–40至图3–42）。

附生植物一般不会对寄主造成损害，并可增加古树的美感。然而，若遇大型附生植物，如霸王花类，则会因重量造成古树枝干折断，严重影响古树生长。小型蕨类，如肾厥、槲蕨太多，会增加树皮湿度，为白蚁生存提供条件，亦应清除。

◆图3-40　附生小型蕨类不影响古树生长，无需清理（圆盖阴石蕨）

◆图3-41　附生小型蕨类不影响古树生长，无需清理（槲蕨）

◆图3-42 广西桂林市临桂区，肾蕨附生于雅榕古树上

3.1.3.3 爬藤植物

中国南方处热带、亚热带地区，温度高，降雨多，爬藤植物种类多，如扁担藤（*Tetrastigma planicaule*）、葛藤（*Pueraria montana* var. *lobata*）、首冠藤（*Cheniella corymbosa*）、山牵牛（*Thunbergia grandiflora*）、飞龙掌血（*Toddalia asiatica*）、白花油麻藤（*Mucuna birdwoodiana*）等，这些爬藤植物常攀爬于古树间，影响古树生长，严重时会使古树枝干折断（图3-43、图3-44）。

广西鹿寨县平山镇平山村碑头屯旁石山下黄葛榕古树，树龄1000年，胸径460cm。枝干爬满攀缘藤本植物，造成枝干折断（图3-45）。

广西桂林市临桂区五通镇大塘村大塘口屯雅榕古树，树龄1200年，胸径471.3cm。树干基部膨大，中空，内空高度在2.5m以上，里面可站立10余个成人。树干、枝丫上附生有大量肾蕨等附生植物，并攀爬有大量藤类植物（图3-46）。

◆图3-43　薜荔附生影响水松生长（清理前后对比）
注：左图为清理前，右图为清理后。

◆图3-44　广西鹿寨县寨沙镇六往村络石附生的古樟树

◆图3-45　广西鹿寨县平山镇平山村黄葛榕古树爬满山牵牛，造成枝干折断

◆图3-46 广西桂林市临桂区五通镇大塘村雅榕古树，枝干爬满爬藤植物

3.1.3.4 绞杀植物

绞杀植物，以附生方式开始它的生活，然后长出根系送进土壤里，或者在植物枝干上“发芽”，变成独立生活的植物，并杀死原来借以支持它的植株，是一类生活方式比较特殊的植物。绞杀植物的种类很多，如桑科（Moraceae）的榕属、五加科（Araliaceae）的鹅掌柴属（*Heptapleurum*）等，但它们主要生活在热带雨林里，其中又以榕树、黄葛榕、鸭掌柴最为常见。

广西凌云县沙里乡各楼村陇西屯喙核桃古树，生长于喀斯特石灰岩算中，树龄1100年，胸径255cm。树干通直挺拔，在约12m处开2枝丫，树枝向下弯曲生长，有一根枝条已触地。这株古树虽然经历1000多年的沧桑，长在嶙峋的乱石上，仍能顽强地生长，依然挺拔，苍翠浓绿。然而，近年枝干被榕树绞杀，树冠有被绞杀植物树冠取代的趋势（图3–47）。

广西阳朔县兴坪镇古皮寨村何家屯银杏古树，树龄1000年，胸径179cm。古树生长于竹林中，树干外表被鹅掌柴（*Heptapleurum heptaphyllum*）气生根所包围，但枝叶仍翠绿（图3–48）。

广西罗城仫佬族自治县黄金镇义和村雅龙屯古榕树，树龄1000年，胸径363cm。树干近顶端附生鹅掌柴，生长的根系达10余米，沿榕树主干直入土中，似一根根银丝，十分亮丽。榕树，树体大，适应性极强，而绞杀植物鹅掌柴树体远小于榕树，因而这株绞杀植物对寄主影响有限（图3–49）。

广西上思县叫安镇平江村那冷屯古樟树，树龄500年，胸径221.2cm，为广西北部热带地区胸径最大、树龄最大的古樟树。然而，树干被榕树绞杀，远处观看，树冠几被榕树树叶覆盖。近观细看树叶、树皮，才发现为古樟树（图3–50）。

◆图3-47　广西凌云县沙里乡各楼村喙核桃古树，枝干被榕树绞杀

◆图3-48　广西阳朔县兴坪镇古皮寨村银杏古树，树干外表被鹅掌柴根系所包围

◆图3-49　广西罗城仫佬族自治县黄金镇义和村古榕树

◆图3-50　广西上思县叫安镇平江村那冷屯古樟树被榕树绞杀

广西象州县运江镇石鼓村鹅景屯古樟树，树龄1000年，胸径330cm。树干距地面约4m处分叉，枝丫多，相互交错，枝叶茂盛，树干有洞。樟树树形如一把巨伞，屹立在村头。樟树分丫处附生着多株黄葛榕，黄葛榕根似网状贴生在树干上，预计将来樟树会被绞杀植物黄葛榕所取代（图3–51）。

广西象州县运江镇石鼓村鹅景屯黄葛榕古树，树龄1000年，胸径436cm。该树原为樟树，后被黄葛榕所绞杀，樟树已近死亡，仅从树皮尚能判断该古树原为一株樟树。榕树数十条气根贴干而生，形成深纵沟，树干中空成大洞，可从洞底爬到8m高处的洞口，枝叶浓密，形如一把巨伞屹立在村中。据当地一位78岁覃姓阿公介绍，此处原始生长的是樟树，因樟树被雷劈而死，后来长出一株黄葛榕，形成现在的大树，而樟树树干仍没有完全腐烂，榕树紧紧抱住这株樟树（图3–52）。

广西靖西市化峒镇五权村五权屯翠柏古树，树龄1000年，胸径219cm。在主干4m高处分成约10个枝丫，每条枝丫平均粗约60cm，部分干皮脱剥，部分树枝如鹰爪。在树干约6m处，附生一株粗约25cm的黄葛榕，黄葛榕根系沿枝干向下生长，深入一树洞并入土后，加速生长，严重限制翠柏古树生长（图3–53）。

◆图3–51　广西象州县运江镇石鼓村古樟树，枝干布满黄葛榕根系

◆图3-52　广西象州县运江镇石鼓村黄葛榕古树，原为樟树，被黄葛榕绞杀

◆图3-53　广西靖西市化峒镇五权村翠柏古树，附生黄葛榕

3.1.3.5　病虫危害

古树，由于树龄长，许多生长势衰弱，极易遭病虫危害，多数通过适当培土、施肥等人工措施，增强树势。

古树名木病害，主要是生理性病害。如地面硬化造成的根系养分、水分吸收困难，造成的树叶枯黄、枝梢枯死，严重时造成古树名木死亡。可采取破除硬化措施，改善根系生长条件，恢复树木生长。

危害严重的害虫主要有白蚁、樟蚕、朱红毛斑蛾、松材线虫等。白蚁喜啃食樟树树皮，极易造成古树死亡。地面硬化、填土等土建施工，会影响古树生长，增加白蚁危害几率。樟蚕，啃食樟树叶片。朱红毛斑蛾，主要啃食榕树叶片。暴发时，仅数日，食叶性害虫会将树叶啃食光。松材线虫危害松属植物。

3.1.4　水土流失、雷电、台风等造成影响

3.1.4.1　水土流失

古树，由于树龄长，受长期流水侵蚀，易造成根系裸露，严重时造成古树倒伏。如广西恭城瑶族自治县恭城镇乐湾村古樟树群，生长于茶江河边，受长期流水侵蚀，根系裸露，常造成树木倒伏（图3–54）。

◆图3–54　广西恭城瑶族自治县恭城镇乐湾村古樟树群，受水土流失影响，根系裸露

3.1.4.2 大风及雷电，造成枝干劈裂、折断

许多古树树冠庞大，由于重力作用，枝干极易折断，若遇大量附生植物、攀爬植物或大风、雷击，将造成枝干折断。

广西崇左市江州区驮卢镇渠邦村高山榕古树，树龄1100年，胸径372.6cm，因台风枝干几完全折断（图3–55）。

广西宁明县明江镇洞廊村高山榕古树，也称洞廊古榕，树龄1700年，花山风景名胜区十八景之一。60多条根须根节，蔚为壮观，巨枝横扫长空，粗大的气根落地生根成树干，巨枝上的须根随风起舞，千年古榕的树荫延绵占地二十余亩①，为世人所罕见，有“独木成林”的美名。宁明洞廊高山榕，其千年古榕的文化可以追溯到宋代。洞廊古榕还相系着壮族歌唱文化，传说这千年古榕是上古的仙女所栽种的，所以，当地以榕树为标记，每年“三月三”都会在此举行男女相逢相会对歌的歌圩。然而，2010年、2016年两次遭受台风，枝干多次折断，尤其2016年台风，使原本生长为一体的洞廊古榕成为生长相对松散的3株树木，仅靠几枝细小气根相联系（图3–56）。

广西全州县大西江镇锦塘村古樟树，又称全州宋樟，树龄1250年。2010年测定古树胸径350cm，7个成年人才能环抱，树冠覆盖面积达2000多平方米，很是壮观。关于这株千年古樟，据传有许多段坎坷曲折的经历。1889年的夏天，乡内蝗群蜂拥而来，遮天蔽日，古树树叶惨遭蝗虫嚼食，整株树几近光秃，村中人集资购药水喷洒，毒死蝗虫，古樟才免于劫难。1922年，当时的全州县县长，为了聚敛钱财，便以国家制造武器为借口，要砍伐此株古樟蒸樟脑换取军费。当时，该村男女老少不约而同地纷纷聚集到树下，手牵手，将古樟里里外外围了十余层，县长见形势不妙，只好退步，改用6株较小的樟树顶替。1985年5月，古樟遭到一场雷击，全树被烧，处于半死状态。2007年，有村民在燃烧纸、香祭拜时，不慎引燃古樟，大火烧了几个小时才被扑灭。2008年又遭雷击，古樟受损严重，主干裂成两半。如今，仅见一个水泥墩支撑着复活的“樟王”，黑炭似的树芯，树顶也长出了新叶，只剩下原来的三分之一了，实在让人痛心（图3–57）。

◆图3–55 广西崇左市江州区驮卢镇渠邦村高山榕古树，树龄1100年，因台风枝干几乎完全折断

① 1亩≈666.67m^2，下同。

◆图 3-56　广西宁明县明江镇洞廊村高山榕古树，树龄 1700 年，因台风枝干大部折断

◆图 3-57　广西全州县大西江镇锦塘村古樟树，树龄 1250 年，曾遭受多次雷击、火灾

3.1.5 古树自身原因

3.1.5.1 树龄长，生长势衰弱

古树树龄长，自身生物学原因，生长衰弱。以广西为例，广西全区古树名木树种超过500种，但千年古树仅包括榕树、雅榕、黄葛榕、聚果榕、荔枝、樟树、金丝李、格木、蚬木、木荷等10余个树种。绝大多数树种都因其固有生物学特性，数十年、百余年进入衰老，千年古树已是稀有，高龄古树生长衰老是生物学必然规律。

3.1.5.2 树蔸树干空心、腐烂，暴雨、大风时古树易倒伏

古树名木树蔸树干空心、腐烂，也是古树名木衰弱、死亡的主要原因之一。树木树蔸树干空心、腐烂原因有许多，部分是由于树木生物学原因。树木衰老的外观表现之一为树蔸树干空心、腐烂。如海红豆，极易空心，百年老树，大多已严重空心。自然生长的海红豆，虽然空心，但仍能生长较长时间。广西有海红豆古树150株，达到500年的一级古树仅2株（图3-58）。

然而，古树名木树蔸树干空心、腐烂的更主要原因为古树名木遭到地面硬化、地面下的水稳层建设、化学品毒害等，造成的树体损伤，逐年积累，树蔸树干空心、腐烂，有时看似枝叶繁茂，但遭受暴风后，就会倒伏。如广西荔浦市黄竹镇的新坪镇黄竹村闽楠古树，受毒害前树干、树蔸并无腐烂情况，受害后第5年，树干已基本腐烂。

3.1.5.3 树干有空洞，火灾隐患大

广西富川瑶族自治县莲山镇洞口村有一株古樟树，树龄1850年，胸径435cm，为广西胸径最粗、树龄最大古樟树。古樟树原有宽大树洞，流浪人员居住于洞中，因生活用火，烧去大半。

3.1.5.4 树冠生长过旺，造成的树干撕裂，树冠断枝

自然生长的古树名木，树冠与根系能协调生长。然而，生长于水边等地下水位高，或生长于公园，日常淋施水分和肥料的古树，树冠生长较快，遇暴雨或大风，会出现树干开裂、树冠断枝现象。由此说明，正常生长的古树，无需施肥、淋水。

广西柳州市柳侯公园桂花古树，树冠下栽植地被，公园管理方经常对地被进行淋水、施肥，桂花古树树冠浓密，造成树干撕裂。管理方采用铁线捆绑的办法，取得好的效果（图3-59）。

广西富川瑶族自治县富阳镇古樟树，生长于池塘旁，土壤肥沃，水分充足，地下水位也较高，古树树冠浓密，枝叶繁茂，造成树干撕裂，后采取铁链拉紧的办法，取得积极的效果（图3-60、图3-61）。

◆图3-58　广西陆川县沙坡镇仙山村海红豆古树，树龄500年

◆图3-59　广西柳州市柳侯公园桂花古树树干撕裂后，铁线捆绑树干

◆图3-60　广西富川瑶族自治县莲山镇洞口村古樟树，树洞失火，树干烧毁大半

◆图 3-61　广西富川瑶族自治县富阳镇古樟树树干撕裂后，铁链捆绑树干

3.2 筛选需复壮的古树名木

3.2.1　发现需复壮的古树名木

3.2.1.1　通过日常巡护，发现急需复壮古树

各地都已建立、健全了古树名木养护管理制度，如住房和城乡建设部出台了《城市古树名木养护和复壮工程技术规范》，广西发布了地方标准《古树名木养护管理技术规程》（DB45/T 2308—2021）。依据技术规程等相关文件，对古树名木进行巡查：一级保护的古树和名木，至少每半年巡查一次；二级、三级保护的古树，至少每年巡查一次；台风季节必须加大巡查力度；古树名木保护区附近处于工程开发建设时期的古树名木至少每半个月巡查一次，必要时委派专人驻守管护。

3.2.1.2　群众提供线索，管理部门核实需复壮古树

古树名木是森林资源中的瑰宝，是自然界和前人留下的珍贵遗产，承载着人们的乡愁情思，当地村民对古树名木都有特别情怀。当古树名木受人为破坏，或自然灾害的影响，当地村民会向管理部门汇报，管理部门在收到信息后，应当及时到现场核实情况，制订复壮措施。

3.2.2 确定需复壮的古树名木

3.2.2.1 根据古树名木衰弱程度，筛选急需复壮古树

根据古树名木生长势分4级，即正常株、衰弱株、濒危株和死亡株。古树名木复壮，应优先选择濒危株和衰弱株复壮（表3-1）。

表3-1 生长势分级标准

生长势级别	分级标准		
	叶片	枝条	树干
正常株	正常叶片量占叶片总量大于95%	枝条生长正常，新梢数量多，无枯枝、枯梢	树干基本完好，无坏死
衰弱株	正常叶片量占叶片总量50%～95%	新梢生长偏弱，枝条有少量枯死	树干局部有轻伤或少量坏死
濒危株	正常叶片量占叶片总量小于50%	枝杈枯死较多	树干多为坏死、干朽或成凹洞
死亡株	叶片全部枯死	枝杈全部枯死	干皮全部坏死

3.2.2.2 根据古树保护等级，依次为名木、一级古树、二级古树、三级古树、准古树

一级古树，树龄长，生长势通常较弱，应优先复壮。名木，具有较高纪念价值，按一级古树进行管理。

3.2.2.3 优先处置严重危及群众生命安全和古树生存问题的古树

①树冠浓密，或附生、爬藤植物多，枝干负重太重，易折断的古树；

②枝干有粗大枯枝，易断枝、树干撕裂；

③地面严重硬化或过厚覆土，严重威胁古树生存；

④死亡古树，枝干断落会伤及群众身体和财产；

⑤因木材价值高，被不法分子采取物理或化学方法破坏的古树，暂不清理。

3.2.2.4 根据项目资金情况，确定当年需进行古树名木复壮的古树

进行项目预算，留有余地；先一级古树和名木，后一般古树；先濒危，再衰弱株。

3.3 复壮技术

3.3.1 破除地面硬化，改善透水透气性能

地面硬化，包括地表混凝土、地下的水稳层硬化，都会严重阻隔水分和空气的流动，影响古树生长。但是，多数古树名木生长于村屯或街道、小区，人员生产生活频繁。如何在保护古树和减少对人员活动的限制上取得平衡，要认真思考。根据我们的经验，提出如下方法。

3.3.1.1 打透气孔，局部破除

打透气孔，局部破除硬化，既能极大地解决古树名木生长透水、透气问题，又对居民生产生活影响较少，群众接受度高。同时，局部破硬化，成本低，按每个孔100元计算，每株古树40个孔，破硬化造价为4000元/株。广西于2021年、2022年两个年度开展古树名木破硬化行动，共对3100株古树进行了地面破硬化，取得了好的效果。

打透气孔方法及标准要求，采用机械打孔，孔深80cm，孔径11cm，孔内放置PVC塑料管，并加透气盖（图3-62至图3-64）。

◆图3-62 机器打孔破硬化施工

◆图3-63 打孔破硬化单孔效果

◆图3-64 打孔破硬化整体效果

3.3.1.2 铺草皮或生态砖，全面破除

根据车辆、人员流量及经费预算，还可采取全面破除地面硬化，包括地下的水稳层，换栽植土，全面铺植草皮或铺设生态砖（图3-65、图3-66）。

◆图3-65 工程车辆破地面硬化

◆图3-66 片植草皮，设置行车道和园路

3.3.2 撤除不合理的树池，改善根系生长环境

撤除不合理的树池，铺设草皮、生态砖或扩大树池规格，也可将多个不相连的树池改造成成片绿化，设置园路，方便群众生活，并改善古树生长环境（图3-67）。

◆图3-67 片植绿地，设置园路

3.3.3 清除树冠下杂物，增建防火设施

许多古树为当地群众所崇拜，拜干亲，求平安。逢年过节，当地群众都会在古树下烧香纸，燃放鞭炮等。对这类古树，可在树旁设立防火设施，集中燃放鞭炮、烧香纸，预防火灾发生。

3.3.4 科学防治有害生物，让古树健康生长

3.3.4.1 寄生植物防治

寄生植物通过吸收古树的无机和有机养分，并产生化学或物理作用，严重影响古树生长，应引起注意，及时进行防治。具体防治方法应根据不同寄生物种，采取相应措施。

半寄生种子植物防治，采取人工清理方式，伐除寄生枝，能取得好的效果。清除工作需及时进行，半寄生植物结实多，若等规模传播后再行清理，会加大工作量。

全寄生植物金灯藤、菟丝子，可在盛夏季，喷杀菟丝特等化学药剂喷杀，能取得好的效果。

3.3.4.2 附生植物防治

通常情况下，附生植物仅为借助古树，黏附于古树枝干上生长，对古树生长不会产生

太多负作用，并可能产生美感。然而，当附生植物重量过重，则需要清理，以防古树枝干被压折断。

3.3.4.3 爬藤植物防治

广西处热带亚热带地区，爬藤植物生长茂盛，爬藤植物种类多，生长快，严重时爬藤植物覆盖全部树冠，影响古树光合作用，更为严重的是造成古树枝干负荷太重，造成折干断枝，应及时防治。

爬藤植物主要防治办法是，砍断藤茎，喷洒除草剂，灭杀爬藤植物。

3.3.4.4 绞杀植物防治

绞杀植物，为热带亚热带雨林、季雨林特点，除具特别意义的古树名木外，无需防治，可任由其自然生长（图3-68）。

3.3.4.5 虫害防治

根据害虫种类，采取相应措施。

（1）食叶害虫防治

食叶害虫，如樟蚕、朱红毛斑蛾等食叶害虫，可直接采用内吸型化学农药，如杀虫双、吡虫啉、乐果、氧乐果、嘧啶磷、灭多威、克百威等，喷洒树冠或稀释后淋于根部土壤。

◆图3-68 樟榕夫妻树，榕树绞杀

（2）白蚁防治

喷液法和饵剂诱杀法均可有效治理白蚁，但二者各有优劣。3～5月和9～11月两个阶段为白蚁发生的高峰期，为最佳防治季节。

喷液法，使用10%吡虫啉悬浮剂与水以1∶40比例配制药液，采用背负式喷雾器对白蚁危害的古树围绕树干喷洒药剂，施药量为0.5～1.0 L/株。

饵剂诱杀法，使用0.5%氟铃脲心居康（颗粒状）杀白蚁饵剂和0.1%氟啶脲艾氏杀白蚁浓饵剂（粉状），加水调成面糊状，并注意清洁和防护，减少污染影响诱集性。选择有白蚁活动的蚁路，划开饵剂包，紧密贴放蚁路，固定并用黑塑料袋做避光处理。喷液法处理操作简单，防治效果更优，但复发率较高。因为喷液法需要多次处理，增加施药成本，同时会提高白蚁的抗药性。饵剂诱杀法的复发率较低，可回收利用，但防治效果低于喷液法，这可能是部分诱剂未能成功引诱白蚁取食所导致。因此，如何提高诱剂的引诱效果需进一步研究。另外，建议可采取两种方式交替处理白蚁，先以饵剂诱杀法处理，对未能引诱的白蚁再施以喷液处理。

（3）松材线虫

松材线虫，目前尚没有较好的防治方法，常规方法为及时清理受线虫危害树木。

3.3.5　通过培土、施肥措施，促进生长

对立地条件差，或衰弱的古树，可通过培土、松土、施肥等措施，促进生长。培土，应选择疏松的森林表土或黄心土，严禁使用荒地上挖取的含较多杂草草根和草籽的土壤培土。培土深度依树种而异，对樟树等浅根性树种，培土深40cm以内为宜；对榕树等深根性树种，培土深度可稍深，但控制在60cm以内为宜。

正常生长的古树，无需施肥，施肥会促使古树枝叶发育过旺，树冠过重，易导致树冠、树干折断，危及古树生存。因此，施肥仅针对濒危或严重生长不良的古树。施肥方法，可用颗粒氮磷钾复混肥溶水后淋施树冠土壤或施于破硬化孔，每株古树每次施肥2kg，每年两次，于春、秋两季进行。极度濒危古树，根系吸收能力差，可使用磷酸二氢钾0.3%水溶液喷施于叶面，每隔3个月喷一次。

3.3.6　截干、修枝，保障安全

对枝干干枯或古树树冠太大、树高太高、缺乏支撑的树，应在雨季前进行清理，修剪枝干、树冠，确保群众生命和财产安全（图3-69）。

但是，修枝必须掌握方法，只许截除枯枝、过度生长枝，以消除安全隐患为目的，不可截除树木主干、去除树冠。依据《中华人民共和国森林法实施条例》第四十一条规定："违反本条例规定，毁林采种或者违反操作技术规程采脂、掘根、剥树皮及过度修枝，致使森林、林木受到毁坏的，依法赔偿损失，由县级以上人民政府林业主管部门责令停止违法行为，补种毁坏株数1倍至3倍的树木，可以处毁坏林木价值1倍至5倍的罚款。"

3.3.7　引根，增加吸收根系、树冠稳定性及美感

榕树、雅榕、高山榕、垂叶榕等气生根发达树种，通过引根，建立支撑，稳固树体。榕属树种引根，可选择树枝不同位置，用小刀刮伤树皮，用棉布包裹伤口，置于管径约25cm的PVC管中，PVC管的另一头入地，并固定好PVC管，约6个月即可长出气生根（图3-70）。

◆图3-69　广东珠海市高新开发区木棉截干、修枝

◆图3-70　广西合浦县榕树引根

3.3.8　应急性抢救

一些犯罪分子，使用食盐、硫酸、盐酸等化学物，毒杀古树。遇此情况，可采用酸碱中和方式，使用灌石灰水等方式，稀释中和有害物质。

3.3.8.1　有毒物质清理

有毒物质毒害，要分析有毒物质种类，采取相应办法。在没有掌握有毒物质种类前，可先灌水，冲洗树根及土壤，稀释有毒物质浓度。酸性毒物，可采用石灰水中和，在树冠下大量淋施石灰水；碱性化学品中毒，可以通过施加酸性肥料或者添加酸性物质来降低土壤pH值。除草剂类中毒，可选择相应的解毒剂淋施。

3.3.8.2　肥料过量

不科学、大量施用化学肥料，也会造成古树中毒。发现后，及时取出尚未完全溶解的化肥，大量灌水，冲洗根部及土壤，连续进行一周。若采取措施及时，可有效缓和中毒症状。

3.3.8.3　断枝处理

因重量、暴风暴雨或其他原因，造成的古树名木断枝，可在受伤部稍下的位置锯平，尽量减少伤口面积。然后，用油漆涂抹，能够防止水分流失，避免对生长产生影响，也能避免树木的伤口腐烂，还能够防止病虫害入侵。切不可把剪锯口在施用愈合剂涂抹之后用塑料纸包裹，或者用纸张粘贴。

3.3.8.4　翻蔸折干处理

因台风、暴雨造成的翻蔸、折干后，为减少对群众生产生活影响，应及时进行清理。根据情况，采取相应措施。尤其树蔸树干腐烂、空心的古树，可采取锯断、清理、销号处理。对桑科榕属树种，可进行修剪枝干，保留树冠骨架，就地或就近挖穴栽植（图3–71）。

◆图3–71　榕树翻蔸后，修枝，重新栽植

3.3.9 其他复壮措施

其他复壮措施，如引根，可应用于榕属树种古树；防腐、封堵树洞；设置围栏；支撑，技术要求较高，费用较高，可在城市古树名木保护中应用，由有资质的工程施工单位进行（图3-72至图3-76）。

◆图3-72 重阳木古树封堵树洞

◆图3-73 龙眼古树封堵树洞

◆图 3-74
围栏保护

◆图 3-75
仿木支撑

◆图 3-76
水泥柱、铁杆硬物支撑

第4章

《古树名木复壮典型案例》

4.1 打孔破硬化

打孔破硬化，是古树名木保护最为经济、对群众生产生活影响最小、群众最易于接受的古树名木破硬化技术。打孔破硬化，有三种方案。

（1）方案一：双层套筒法

打孔深度2m，孔径25cm，埋入直径25cm钢管或PVC管，孔内再放置一根直径20cm钢管或PVC管，两管管壁均钻有密集透气孔。该方案需大型钻井机械，费用较高，每个孔费用5000～8000元，但效果好，使用时间长，可取出内层套筒清理管内淤泥，适用于经费条件充足的公园进行古树名木管理，效果见图4–1。

◆图4–1　双层套筒法

（2）方案二：单层透气孔法

打孔深度80cm，孔径11cm，孔内放置PVC塑料管。该方案施工机械简单，费用低，每孔费用约100元，每株平均40孔即可。本方案经费要求较低，有限经费条件下可设置更多的透气孔，但管内淤泥不易去除，透气有效期一般为5～10年，适用于广大城市及乡村古树复壮，效果见图4–2。

（3）方案三：开地门法

通气性差的地面，可在树冠投影范围内均匀布点挖穴若干个。挖穴直径（宽度）50～60cm，深80～120cm，穴内用中空透水砖垒通气孔，周围填充掺入粗沙、有机质、腐熟有机肥。在孔口和穴口处盖透气透水性好的材料。本方法透水透气效果最好，施工单价介于前两个方案之间，但地表施工面积较大（图4–3）。

◆图4-2　单层透气孔法

◆图4-3　开地门铺设透气材料

4.1.1　广西柳州市城中区柳侯公园古树养护

柳侯公园位于广西柳州市柳江北岸，是为纪念唐代大文豪、曾任柳州刺史的柳宗元而建的公园，也是广西最著名的名胜古迹之一。它始建于清代宣统元年（公元1909年），园内有柳侯祠、柳宗元衣冠墓、罗池、柑香亭等古迹。2002年被国家旅游局评定为国家4A级旅游景区。柳侯公园地处市中心，游客较多。公园管理处对一株桂花古树采取打数个大孔（双层套筒法）加近100个小孔的方式，取得较好的效果（图4-4）。

◆图4-4　广西柳州市城中区柳侯公园古树破硬化情况

4.1.2　广西合浦县廉州镇保子庵杧果古树打孔破硬化复壮

广西合浦县廉州镇保子庵杧果古树，古树保护牌挂牌树龄440年，胸径99cm。此株古树胸径不大，准确树龄无从考证，有说1490年，也有说400余年。相传，该株杧果为达摩祖师来合浦时亲手栽植。应梁武帝（公元464—549年）之邀，公元527年达摩搭乘印度商船沿海上丝绸之路航线来到合浦治发港，便乘兴登岸寻坊康洲古城知名寺庙。达摩到万灵寺、东山寺传经讲佛后，还在万灵寺门前亲手种下一株杧果树和一株缅茄树（缅茄树现已不存在）。由于这株杧果树结的果实特别香甜，当地人就把这株杧果树称为“香杧子”。清朝康熙初年，珠城尼师妙禅在慈云寺旧址重建寺庙后，改名为保子庵，合浦民众将原在万灵寺的香杧果移植到保子庵门前。

由于香杧子树干高大，树冠宽阔，来到保子庵山门前总会对之刮目相看。当顺着树干向上看的时候就会发现，整株香杧子的树干和枝丫上，都长满了一串串的“树瘤”。不经意间将眼光停留其间，总使人有似曾相识的感觉，再细看时，原来这些树瘤极似一个个正在打坐的僧人，密密麻麻的树瘤各不相同，就如姿态各异的罗汉在打坐。这些“罗汉”或垂首闭目，或盘腿屈膝，有的似在用手搭起遮阳远望，有的则似阅读经卷，心意形神之间仿佛见到惟妙惟肖的达摩面壁。

香杧子生长于保子庵山门前，街道中央，车马众多，繁华热闹，为方便车辆通行，保护古树，1990年前后旧城改造时硬化了路面，修建直径不足2m的树池。此前，这株杧果古树每年果实极多，常压弯枝条。自地面硬化后，结实逐年减少，到2019年结实已很是稀疏了。2019年年底，保子庵请来工程队，在古树树冠下钻了约30个，深度约40cm、直径约8cm孔，增加了透气、透水性，翌年（2020年）这株杧果古树结实极多，果实几乎将枝条压断（图4-5）。

◆图4-5　广西合浦县保子庵杧果古树复壮，打孔破硬化

4.1.3 广西南宁市东盟经济开发区南酸枣古树复壮

广西南宁市东盟经济开发区南宁华侨投资区宁武农场生长区的南酸枣古树，树龄115年，胸径76.4cm。该株古树生长于农场生活区中心，2016年12月古树名木普查时生长正常，2019年建设文化广场进行了地面硬化，至2020年年初南酸枣古树出现叶片大量脱落，枝叶稀疏，细枝开始枯死。2021年年底，在古树树冠下进行打孔破硬化，至2022年8月南酸枣古树恢复生机（图4-6、图4-7）。

◆图4-6
广西南宁市东盟经济开发区南酸枣古树，地面硬化，树冠稀疏（摄于2021年12月）

◆图4-7
广西南宁市东盟经济开发区南酸枣古树，地面打孔破硬化6个月后生长状况（摄于2022年10月）

4.1.4　广西南宁市邕宁区高山榕古树打孔破硬化复壮

广西南宁市邕宁区百济镇新平村的高山榕古树，树龄220年，胸径171.9cm。该株古树生于村口，2016年12月古树名木普查时生长正常，2019年建设文化广场进行了地面硬化，至2020年年初古树出现叶片大量脱落，枝叶稀疏，细枝开始枯死。2021年年底，对古树树冠下进行打孔破硬化，至2022年8月高山榕古树恢复生机（图4-8、图4-9）。

◆图4-8
广西南宁市邕宁区高山榕古树因地面硬化，树冠稀疏（摄于2021年12月）

◆图4-9
广西南宁市邕宁区高山榕古树，地面打孔破硬化6个月后生长状况（摄于2022年10月）

4.1.5 广西北流市萝村荔枝古树打孔破硬化复壮

广西北流市民乐镇萝村，是中国首批传统村落、广西历史文化名村和玉林市特色岭南文化名村，该村共有198株树龄在100年以上的古荔枝树，其中3株树龄约为1000年，47株树龄约为500年。在村屯建设过程中，忽视了科学保护古树，对生长于道路旁边的古树地面进行了全面硬化。地面硬化2年后，古树生长明显衰弱，其中一株几近枯死，仅留1小枝存活。2021年12月进行地面打孔破硬化，仅打了10个直径为11cm小孔，2022年恢复生长，2023年5月复查时，古树恢复生机，结了大量果实（图4-10、图4-11）。

◆图4-10 广西北流市民乐镇萝村荔枝古树，地面硬化，古树几近死亡（摄于2021年11月）

◆图 4-11　广西北流市民乐镇萝村荔枝古树，打孔破硬化 17 个月生长效果（摄于 2023 年 5 月）

4.1.6　广西北流市荔枝公园荔枝古树打孔破硬化复壮

广西北流市荔枝公园，位于北流市中心区域，是城区中唯一面积较大较成型的公共绿地。荔枝公园有荔枝古树 82 株，为方便市民活动，于 2010 年对其中的 50 株荔枝古树进行了地面硬化，仅古树根部建有直径约 2m 树池。另外 32 株荔枝古树下地面栽植灌草，修建宽度约 60cm 的园林道路（图 4-12、图 4-13）。

由于地面硬化及地面下的水稳层硬化，严重阻隔水分、空气流动，荔枝古树生长日渐衰弱，枝叶稀疏，部分小枝枯死，叶色变黄，果形变小，与未进行地面硬化的荔枝古树形成明显对比。2022 年 5 月，地方林业部门组织施工队，对硬化地板进行打孔破硬化，1 年后荔枝古树生长日渐变好，叶色复绿，果实也大了许多（图 4-14）。

◆图4-12　广西北流市荔枝公园地面硬化，古树枝叶稀疏（摄于2022年5月）

◆图4-13　广西北流市荔枝公园地面未硬化，荔枝古树生长状况（摄于2022年5月）

◆图4-14　在荔枝古树冠幅下采用单层透气管法施工后的效果

4.2 全面拆除地面硬化

全面拆除破硬化，即全面清理古树名木树冠下的地面硬化及地下不透水的水稳层，栽植灌草或生态砖，解除限制古树生长障碍因子，复壮古树名木的措施。

4.2.1　广西融水苗族自治县融水镇三合村南酸枣古树复壮

广西柳州市融水苗族自治县融水镇三合村南酸枣古树，树干基部有腐朽，树枝有枯枝，孤立生长于村寨后。该株古树树龄1000年，胸径327cm，为广西最大胸径南酸枣。树干高大，胸围粗大，很是醒目。2012年，树冠内地面全面硬化，混凝土铺装至树干，树蔸约2m处有小水沟，南酸枣古树尚能正常生长。2016年开始，树冠顶端出现枯枝，至2018年6月，最粗枯枝直径达30cm，并有大量桑寄生植物生长于树冠上部。2020年4月，当地林业部门组织人员，清理枯枝和寄生植物，全面破除地面硬化，铺植草皮，古树重现生机（图4-15至图4-17）。

4.2.2　广西融水苗族自治县汪洞乡产儒村古榕树复壮

广西融水苗族自治县汪洞乡产儒村的古榕树，树龄120年，胸径142.9cm。该株古树生长于村中心，2016年12月古树名木普查时生长正常，2019年年初进行了地面硬化，至2022年年初古榕树出现大量落叶，枝叶稀疏，细枝开始枯死。2022年年初，对古树树冠下硬化地面进行拆除，栽植灌草，至2022年5月古榕树恢复生机（图4-18至图4-20）。

◆图4-15　广西融水苗族自治县南酸枣古树（摄于2018年6月）

◆图4-16　广西融水苗族自治县南酸枣古树，清理枯枝和寄生植物（摄于2020年4月）

◆图 4-17　广西融水苗族自治县南酸枣古树，破除地面硬化，铺植草皮（摄于 2020 年 4 月）

◆图 4-18　广西融水苗族自治县古榕树破除硬化施工（摄于 2022 年 1 月）

◆图4-19　广西融水苗族自治县古榕树，破除硬化施工完工时树冠稀疏（摄于2022年3月）

◆图4-20　广西融水苗族自治县古榕树，破除硬化施工完工后3个月效果（摄于2022年5月）

4.2.3　广西浦北县白石水镇良江村古樟树、古榅树复壮

广西浦北县白石水镇良江村长山屯村口生长有2株古树，1株古樟树和1株古榅树，2株古树相拥而生，甚是奇特。2株古树树龄都为165年，古樟树胸径89.2cm，古榅树胸径87.6cm。2016年12月，古树名木普查时这2株古树生长良好。2020年年初，当地村民集资，对古树地面进行全面硬化。2020年9月，古树名木巡查时发现2株古树树枝开始干枯，枝叶稀疏，树干基部已生长腐生菌。2021年年初，当地林业部门对2株古树进行复壮，全面破除地面硬化，地面铺植草皮。2021年12月复查时，古树已恢复生长（图4–21、图4–22）。

◆图4–21　广西浦北县古樟树、古榅树，地面硬化后树冠稀疏（摄于2020年9月）

◆图4-22 广西浦北县古樟树、古榅树，全面破硬化后恢复生长（摄于2021年12月）

4.3 综合复壮措施

综合复壮措施，指采取包括地面破硬化、去除寄生植物、施肥、淋水等综合技术，复壮古树名木。

4.3.1 广西贺州市八步区文庙雅榕古树复壮

广西贺州市八步区文庙雅榕古树，位于广西贺州市八步区贺街镇河西村城厢中学临贺古城河西城址文庙前，树龄1000年，胸径302cm。临贺古城河西城址始建于东汉初年，是中国古代县治连续时间最长的城址之一，已经有2000多年的历史，如今为全国重点文物保护单位。

2020年，在恢复建设文庙过程中，建设方对古树建设了长宽约4m×4m树池，其他地面全面铺设大理石路面，后被当地古树管理部门发现，并要求全面拆除地面硬化。然而，忽视了地面下铺设的约40cm水稳层。1年后，发现古树严重落叶，树枝逐渐干枯，部分树干腐烂（图4-23）。

2022年年初进行复壮，在道路上按2m×2m距离打透气孔，并在孔内施肥料。然而，由于施工工人未严格按技术规范施工，仅打孔，未采取其他措施，且化学肥料集中施放，每个透气孔施了约2kg化肥。2022年年底发现，复壮效果差，枝梢严重枯腐（图4-24）。

2022年年底，重新更换施工队伍，采取去除透气孔肥料，连续2天灌水，稀释肥料；用裹树布包扎树干至分枝处，保持树干不被暴晒及水涝；在树干上部安装滴水管滴水，让裹树布里层湿润但不流水；每3个月对树冠喷施磷酸二氢钾至树冠湿润为止。至2023年5月初，古树恢复生长（图4-25）。

◆图 4-23　广西贺州市八步区雅榕古树，拆除地面硬化（摄于 2020 年 7 月）

◆图4-24　广西贺州市八步区雅榕古树生长效果（摄于2022年4月）

◆图4-25　广西贺州市八步区雅榕古树，采取综合复壮措施后恢复生长（摄于2023年5月）

4.3.2　广西靖西市化垌镇五权村翠柏古树复壮

广西靖西市化垌镇五权村翠柏古树位于广西靖西市化垌镇五权村五权屯祖坟地。树龄1000年，胸径219cm，在主干距地面4m高处分成约10个枝丫，部分干皮脱剥，露根部分树枝如鹰爪。在树高约6m处有一枝丫附生一株粗约25cm的黄葛榕，黄葛榕的根从树洞中向下伸入地下，枝条部分已干枯。这棵古翠柏虽然树干中空，饱经风霜，但仍然生长旺盛，主干以上的10个枝丫有的巨臂凌空，宛若飞云，有的盘曲纠缠，其冠如伞，独立地站在先辈的后面，静静地守护。

据当地老人介绍，由于战乱，他们先辈从浙江一带被迫迁移到外地，先后到达云南、广东，最后迁移到这里，来时带有家眷、先祖遗骨等，还带来一包翠柏种子。安顿了驻地之后就寻找安葬先祖遗骨的地方，选中了此地作为祖宗坟场，认为此地能发家致富，旺子旺孙，并在坟墓后面种上一片柏树，如今只剩下这株。

2010年前，这株古树冠幅在60m以上，树冠葱绿，当地村民赶圩[①]、外出务农回来，都要在古树下憩息。然而，由于水土流失、黄葛榕的绞杀，树势日渐衰弱，濒临死亡。2021年春，在当地林业部门组织下，铲除绞杀植物，覆土，半年后翠柏古树恢复生长（图4–26、图4–27）。

◆图4–26　广西靖西市化垌镇五权村翠柏古树生长衰弱（摄于2016年3月）

① 赶圩，意为赶集。

◆图4-27 广西靖西市化垌镇五权村翠柏古树经复壮后，生长逐渐恢复正常（摄于2021年9月）

4.3.3 湖南汉寿县丰家铺镇枫香古树复壮

湖南汉寿县丰家铺镇笔架村蔡家村老屋组枫香古树，树高20m，东西冠幅8m，南北冠幅10m，平均冠幅9m，胸径156cm，树龄800年，一级古树。树下修筑有直径约1.5m树池，由于树池较小，树池内土壤严重板结，树池外周围为水泥密封铺装，影响古树根系正常透气透水，古树生长稍显衰弱。同时，古树主干距地面约15m处已折断，且内部存在较大腐朽空洞；树冠四周的干枯枝存在安全隐患。为此，当地林业主管部门组织施工队伍，对古树进行了复壮，采取了包括树体修复（补树洞）、树体支撑、修枯枝、土壤疏松复壮措施（图4-28至图4-30）。

◆图4-28 湖南汉寿县丰家铺镇枫香古树补树洞（摄于2023年5月）

◆图4-29　湖南汉寿县丰家铺镇枫香古树补树洞后效果（摄于2023年5月）

◆图4-30　湖南汉寿县丰家铺镇枫香古树修枯枝（摄于2023年5月）

第5章

古树名木移植技术

5.1 古树名木移植条件

各省（自治区、直辖市）人民政府都发布了古树名木保护条例，各地都应依据当地古树名木保护条例，依法实施。综合各地规定，古树名木移植应满足下述条件之一：

①原生长环境已不适宜古树名木继续生长，可能导致古树名木死亡；

②国家和省（自治区、直辖市）重点建设工程项目、大型基础设施建设项目无法避让或者进行有效保护；

③有科学研究等特殊需要；

④古树名木的生长状况对公众生命、财产安全可能造成危害，且采取防护措施后仍无法消除危害。

5.2 古树名木移植程序

5.2.1 移植申请

根据各地古树名木管理条例，按照下列规定向古树名木主管部门提出申请：

①移植一级及以上保护的古树和名木，向省（自治区、直辖市）人民政府古树名木主管部门提出申请，经其审查同意后，报省（自治区、直辖市）人民政府批准；

②移植二级、三级保护的古树，向设区市人民政府古树名木主管部门提出申请，经其审查同意后，报设区市人民政府批准。

5.2.2 移植前审查

在古树名木主管部门提出审查意见前，应当就移植的必要性和移植方案的可行性组织召开专家论证会或者听证会，听取有关单位和个人的意见，并到现场调查核实，公示移植原因，接受公众监督。

古树名木主管部门应当自受理古树名木移植申请之日起在规定工作日内提出审查意见，对符合移植条件的，按照条例规定报请批准；对不符合移植条件的，应当书面告知申请人并说明理由。

经批准移植的古树名木，应当按照批准的移植方案和移植地点实施移植；移植后5年内的养护，由移植申请单位负责，并承担移植和养护费用。

5.2.3 移植档案管理

移植后，所在地县级人民政府古树名木主管部门应当及时更新古树名木图文档案，并及时上报上级主管部门。移出和移入地古树名木主管部门应当办理移植登记，变更养护责任人。

5.2.4 急危古树名木抢救与移植

生长状况对公众生命、财产安全可能造成危害的古树名木，按照古树名木的保护级别，由相应的古树名木主管部门，如县级林业、城市园林或农业，采取防护措施。采取防护措施后仍无法消除危害的，可以采取修剪、移植等处理措施。

5.3 移植技术

5.3.1　移植前工作

5.3.1.1　现场勘查

对古树的基本生长情况进行生长调查，如树种、树高、胸径、分枝情况、冠幅大小、树龄、保护等级、立地环境、土壤情况、管护单位或管护责任人、生长地点、移植路线、移入地情况等。

5.3.1.2　机械作业条件准备

古树修剪及移植工作开展前，需对移植施工区域、移植运输路线、移入地进行平整疏通道路，满足大型机械及运输车辆通行和作业需求。

5.3.1.3　修剪

修剪的原则是保留原有树木的树形、骨架，将树木的重心调整至主干位置。根据古树的景观要求，提高成活率、运输条件和现场条件等，在确保安全生产的情况下，力争最大限度地保持树木原有的树形。修剪过程中一并对树冠上的寄生植物、附生植物、干枯枝、病虫枝进行修剪清理。修剪后的树干伤口涂刷专用古树伤口愈合剂，避免伤口感染，减少水分流失，促进伤口愈合（图5-1）。

本工作配备带吊篮的吊车、伤口愈合剂、高空修剪作业人员、装卸工、现场技术管理人员、高空油锯、运输货车。

◆图5-1　古树名木移植前的树冠修剪

5.3.1.4 定向标记

在移植古树主干上标出阴阳面或观赏面方向，使其在定植时仍保持原方位栽下，满足其对荫蔽和阳光的要求，以尽快适应新环境。

5.3.1.5 定植土壤准备

在种植坑旁提前准备好河沙、碎石或鹅卵石、森林表土。起挖时，如果发现有较好的古树原生长地的表层土壤，使用部分原表层土壤作为回填种植土，有利于古树的成活（图5-2）。

◆图5-2 **定植土准备，栽植穴底部铺垫碎石**

5.3.1.6 定植穴处理

定植穴挖掘前，了解其地上、地下管线和隐蔽物埋设情况。种植穴大小、形状、深浅均根据土球规格而定，比土球厚度深50cm，比土球宽50～100cm，底部使用河沙、碎石或鹅卵石垫底并对种植坑使用专用杀菌剂（如噁霉灵）进行杀菌消毒。现场挖出来的种植土符合种植要求的，提前做好杀菌消毒处理，以备用。

5.3.2 移植施工

5.3.2.1 树干保护

在树干起吊绑带位置围绕树体一周钉加厚木板保护树干，以免起吊时拉伤树皮（图5-3）。

◆图 5–3　移植时的树干保护

5.3.2.2　喷施抗蒸腾抑制剂

古树挖掘前采取喷施抗蒸腾剂处理减少树体蒸腾作用，减少树体水分蒸发量，采用整体喷雾方式进行喷雾，树冠、树干、主干都需喷施到位。

5.3.2.3　挖掘时吊扶

挖掘前先使用吊车进行吊扶，挖掘进行时，注意观察树体的变化，及时调整加固，避免发生倒伏。

5.3.2.4　土球挖掘、包扎

设定古树土球规格（根据实际情况尽量留大）。采用机械分层下挖和人工逐层开挖相结合的方法。在边线外0.5m处用钩机小心挖掘，挖至2m深后改为人工将土球削至设定规格，土球形状按照上大下小的圆柱形台体形状挖掘。开挖时配备专用工具，不能伤及主根。对于较粗大的根，用手锯锯断，并用杀菌剂（噁霉灵等）进行喷雾消毒处理。用胶带和遮阴网对土球初步扎绑，而后用铁丝网牢牢固紧（图5–4至图5–6）。

5.3.2.5　起吊

根据古树大小配备吊车，然后再配备高空车或带吊篮吊车辅助绑绳。起吊前，先将古树缓慢放平，放平过程中注意对树干的保护（使用沙袋垫底），防止树干直接压到地面，导致树干断裂。然后一部吊车水平起吊装车，下部起吊点应选择在最靠近土球的位置，上部起吊点应选择在树木重心上部，保持平衡。起吊点接触处必须加垫层保护树干（图5–7）。

◆图5-4　挖掘时吊扶

◆图5-5　古树移植时的土球挖掘

◆图 5-6　古树移植时的土球包扎

◆图 5-7　古树移植时的起吊

5.3.2.6 装车

修剪后的面朝下接触车厢，支撑冠幅。泥团及主干用预先装有沙土的麻袋固定和垫高。上部枝条用钢丝绳和胶带收拢，顶端枝条尽可能保留，最后用绑带把大树固定牢固，避免枝干断裂（图5-8）。

5.3.2.7 运输

专人跟车护送到种植地点，运输车辆时速不得超过20km/h，前方转载挖机的车辆开路，后方施工管理人员和吊车紧随运输车辆后，随时观察运输车辆动态（图5-9）。

5.3.2.8 定植

吊车将古树从车上缓慢吊起，直接吊至种植坑，注意树干与地面成直角。对在起吊和运输过程中劈裂和折断的枝条及根系进行修剪，直径2cm以上的劈裂用手锯锯平，并用伤口愈合剂处理，根系二次修剪过的使用噁霉灵等杀菌剂进行杀菌消毒。然后对土球整体喷施杀虫剂、杀菌剂和生根剂配成的药液，防虫防菌、促进根系恢复。种植时保持树木原先朝向，种植在24h内完成。将树木吊至定植坑，去掉土球包裹物、控根器。填土时先在土球周围插侧面钻孔的PVC管，加强根部透气，PVC管直径为10～20cm，管外用遮阴网包裹，管紧贴土球埋置，然后使用原土回填，原土不够的情况下，使用森林表土回填。填土时分层填土，与淋水同时进行，避免根系周围出现空隙。种植时土团上部高出种植地面约50cm，防止古树沉降过多导致根部无法排水。根据移入地往年降水量做好排水措施，可在种植穴底部开挖排水沟，排水沟最低处应比上游位置低，比下游位置高，雨水较大时保证排水沟正常排水（图5-10、图5-11）。

5.3.2.9 支撑

定植后立即做支撑加固，支撑使用多角支撑，支撑点在树干中上部位置，要固定牢固。支撑底座为混凝土结构，底座深为40cm，支撑材料为镀锌管（图5-12）。

5.3.2.10 浇灌定根水

定植后立即浇灌第1遍水（定根水），混合杀菌剂噁霉灵、生根剂吲哚萘乙酸稀释后浇足浇透；第4天浇第2遍，第11天浇第3遍。以后视天气情况进行浇水，每次浇水都需要浇透并喷淋树干。期间注意树穴周围下陷和空洞，及时回填土。

5.3.2.11 设置喷淋系统

在古树树体上方设置多个喷头，喷头向上喷，确保树木滴水线以内全面喷施，每天早晚各开喷淋1次，保持2个月，确保树体湿润。

5.3.2.12 设置警示标识

由于古树刚定植，需在种植地周围设置警示标识，严禁闲人进入施工范围，防止人为攀爬，也起到宣传作用。

5.3.2.13 输液复壮

采用古树复壮营养液，对古树进行输液复壮，促进古树萌芽，激活树体维束管活性，使古树能更快恢复。

5.3.2.14 设置遮阳设施

如果是反季节移植，种植完成后对古树搭建竹架、外部铺装好遮阴网，遮阴网按古树冠幅每边宽出1m，高出树高1m，离地面1m，避免阳光暴晒（图5-13）。

◆图 5-8　古树移植时的装车

◆图 5-9　古树移植时的运输

◆图5-10　定植前的土壤杀菌、沙石回填

◆图5-11　古树移植时的定植

◆图 5-12　古树移植时的支撑

◆图 5-13　古树移植时的遮阳

5.4 移植后的养护管理

古树移植后需进行为期5年的养护，养护期第1年的头两个月保持每周养护1次，接着的10个月保持每2周养护1次。第2年每个月养护1次。第3年至第5年每2个月养护1次。

5.4.1 水分管理

定植后利用渗井观察水位变化，根据天气和树木生长状况采取下列水分管理措施：多日不下雨，土壤干旱的，及时浇足水，并用草绳包扎树干保湿。每天早晚对树冠喷雾一次，叶片和草绳保持湿润。土壤不干旱，但气温较高，对树干、树冠及周围环境喷雾，早晚各一次，湿润即可。久雨或暴雨时造成积水，立即开沟排水，必要时在根系外围挖井用水泵将地下水排至场外。

5.4.2 营养管理

定期对其生长的土壤进行pH值、土壤容重、土壤通气孔隙度、土壤有机质含量等指标的测定。若不符合土壤指标要求，且古树名木长势减弱，则制定相应的改良方案，经确认后进行土壤改良。

定期对古树进行营养液输液复壮，促进古树枝叶、根系的萌发。

定期做好促根、复壮措施，如淋施生根药剂、根部杀菌剂、复壮液体肥等。

5.4.3 新芽管理

定植后多留芽，留芽根据树木生长势及树冠定型要求进行，多留高位壮芽，对有些枝条过长，枝梢萌芽力弱的，进行短截处理。对切口上萌生的丛生芽及时剥稀。树冠部位萌芽较好的，将树干部位的萌芽全部剥除；树冠部位无萌发芽时，在树干部位留可供培育树冠的壮芽。

5.4.4 修剪

为了在大根切断或损伤较大的情况下保持根系吸收与枝叶蒸腾的水分平衡，及时修剪病虫枝、枯枝、残桩。过密枝疏剪一部分，保留一部分；交叉枝、平行枝、并列枝等，至少疏剪其中之一。锯口与垂直方向呈30°～45°，平齐，不劈不裂，修剪伤口使用伤口愈合剂涂抹。

5.4.5 防风、防冻、防暑管理

防风管理。由于古树刚移植，保留较大的冠幅，树的根系还不能支撑树干和树冠的重量，特别是大风下雨天气对古树的保护，虽已采用了支撑保护，但还要加强加固和巡视的密度，特别是暴风雨来临前一定要提前做好预防保护措施。

防冻防暑管理。由于古树刚移植，树势较弱，在冬季采取裹树布、喷施防冻液等措施；在夏季采取遮阴和喷雾降温措施。虽已采取了保温和防暑措施，但还要加强冬季和夏季巡视的密度，特别是寒潮、大旱的气候来临前一定要做好防冻或抗旱、防暑措施。

5.4.6　有害生物防治

5.4.6.1　病虫害防治

定期做好防虫防病措施。养护期第1年的头两个月保持每周至少检查一次，每周喷一次防虫防病药，接着的10个月保持每两周打药一次。第2年每个月喷一次防虫防病药。第3年至第5年每2个月喷一次防虫防病药。虫害防治使用阿维菌素和噻虫嗪混配稀释后进行喷雾，病害防治使用苯醚甲环唑和农用硫酸链霉素混配稀释后进行喷雾。

5.4.6.2　消除古树周围白蚁孳生场所

及早清除大的枯枝残桩及废弃树根，树洞要及时修补或涂刷防蚁药剂；伤口是白蚁的主要侵入口，因此在修剪等园林管理过程中要尽量避免造成大的伤口，对已形成的伤口，应及时作防护处理。

5.4.6.3　其他防治措施

在加强管护的基础上，还要根据白蚁的习性采取诱杀、药剂驱避、喷药灭杀、涂刷药物防治、熏蒸灭杀相结合的防治措施。

用毒死蜱或联苯菊酯喷施树干近地面部分，对预防黑翅土白蚁等的上树危害有一定作用；根部周围开沟，撒放颗粒剂毒死蜱，对预防古树白蚁危害有效果。

5.4.7　树体修复

发现古树树体存在空洞腐朽，及时进行树洞修补防腐处理。使用油锯、钢刷、打磨机等清腐专用工具对树体腐朽的部分进行清理直至硬化木质部，进行打磨后除尘，然后对清理干净的木质部进行防虫杀菌处理，采用噻虫嗪、农用硫酸链霉素、苯醚甲环唑杀虫杀菌剂按照一定比例稀释后使用高压喷雾器进行木质部喷施。该药剂配方属于对人体低毒、环保内吸药剂，不会导致树体受损，并且内吸性药剂可以通过树体的自然吸收在树体内进行传导而起到杀虫作用，对于树体内部害虫起到很好的防治效果。待药液干燥后，使用防腐专用药剂添加固化剂按一定比例混合后，均匀涂抹在木质部上，防水防腐。对树体空洞部位使用组合聚醚、催化剂按一定比例混合后使用喷枪喷入树体空洞部位使其膨胀后填充满空洞部位。外部使用阳离子氯丁胶乳防水防腐材料涂抹造型勾勒仿树皮或仿木质部纹理。

冒险树
CrossTree

第6章

《古树名木保护品牌典型案例》

6.1 古树公园或古树主题景点

古树名木素有“绿色活化石”“绿色活文物”美誉，是大自然和祖先遗留下来的珍贵财富，客观记录和生动反映了社会发展和自然变迁的痕迹。它历经百年千载，阅尽人间沧桑，与它所在的地区社会、经济、自然、文化水乳交融，折射出环境变迁、世事兴衰和人间悲欢，铭刻着丰富的历史文化内涵，也是珍贵的旅游资源。

欣赏古树，犹如品味自然界沧海桑田的岁月变迁，亦犹如品味城市发展的前行步伐。一棵棵古树，记载着城市的底蕴和内涵。

古树旅游，如今已成为旅游热点之一，各地都在努力开发古树旅游资源，并取得好的效果，如广西阳朔大榕树景区、广西南宁青秀山千年苏铁园、安徽歙县漳潭古树主题公园等，在开发旅游、宣传当地文化的同时，保护了古树。

6.1.1　广西南宁市青秀山苏铁园

广西南宁市青秀山苏铁园位于南宁青秀山凤凰岭西麓的西坡，面积5.3hm^2，园内共有苏铁属植物40余种约10000株，树龄千年以上的苏铁13株，其中树龄最长的达1360年，是全国最大的篦齿苏铁（*Cycas pectinata*）、石山苏铁（*Cycas sexseminifera*）、德保苏铁（*Cycas debaoensis*）和叉叶苏铁（*Cycas bifida*）的迁地保护中心，是全国景观最好、树龄最老、胸径最大、植株最高的苏铁专类园。走入其中，看到那些来自世界各地的苏铁，真的是令人叹为观止（图6-1）。

苏铁，又称铁树，有许多动人故事。唐宋八大家之一的苏东坡，为人正直，性格刚强，做官公正廉明，从政时得罪了朝中奸臣，被贬谪到了海南岛。奸臣们高兴地说：“想从海南岛回来，除非铁树开花。”苏东坡到了海南后，当地人听说他就是善于写诗词文章的苏东坡，而且还是一个好官，都非常敬重他。有一天，一位老者让两个年轻小伙子抬了一株盆栽植物给他，苏东坡不知道这是什么树，也不知道老人为什么会送他这样的盆栽植物。等到老者诉说了金凤凰不屈淫威而被活活烧死后变成了此树的传说之后，苏东坡才明白了老人的用意。他想：“是啊！我东坡行得正，立得直，就像铁树一样，何惧奸臣诬陷？”从此以后，苏东坡精神大振，精心照料着那棵铁树，时常以铁树来鞭策自己，做一个令百姓爱戴的好官。有一天，铁树竟然奇迹般地开花了，这花虽然不娇艳，但却显得英武庄严。不久，皇帝便派人传来了让他回京的旨意。苏东坡离开海南时，当地人送了许多礼物给她，他都一一谢绝了，只把那棵铁树带回了中原。自此以后，铁树才在中国北方广为人知，并繁衍起来。因铁树是苏东坡带回中原的，人们就称它为“苏铁”，其花语“坚贞不移”也与苏东坡的品格有关。

6.1.2　安徽歙县漳潭古树主题公园

有“天下第一樟”之称的安徽漳潭古樟，位于歙县漳潭古树主题公园，坐落于安徽省黄山市歙县深渡镇漳潭村，该公园紧邻新安江，由千年古樟、张良祠、红妆馆等三部分组成，其中千年古樟居三景之首，为古树公园核心生态景观。

漳潭古樟，树龄已超1000年，胸径312.0cm，是安徽省最著名的古樟树，被誉为“樟树之王”，是镶嵌在“新安江百里大画廊”上的一颗绿色明珠。古樟历经千年风霜雪雨、

电闪雷击洗礼，依然巍然屹立、枝繁叶茂，显示了顽强的生命力，被当地村民膜拜为“神树”，实乃最为宝贵的“活文物”。传说，当年张良去世后就葬在此处，他的英灵孕育了这棵古樟树，世代保佑着村中的子孙。村中居民大多姓张，有宗谱记载已传76代（图6-2）。

漳潭古树主题公园的建立，已成为“新安江百里大画廊”的一个主要景点，每日游客如织，为当地创造了巨大财富的同时，也成为了当地一处生态科普教育场所，较好地展示了生态文明建设成果。

◆图6-1　广西南宁市青秀山苏铁园篦齿苏铁

◆图6-2　安徽歙县漳潭古树主题公园古樟树

6.1.3 广西阳朔县大榕树景区

广西阳朔县高田镇凤楼村大榕树景区，为以单一榕树为景点的景区，桂林市旅游区内重要景点，与漓江、象鼻山齐名。该株古树树龄1505年，胸径286.5cm，冠幅40.8m，榕树盘根错节，枝繁叶茂，硕大的树冠可谓遮天蔽日。从树干上挂下来的25个小盆粗的气根深深地扎入地下，不但为大树输送养分，还为粗大的枝干起到支撑作用（图6-3）。

大榕树所在的高田镇是一个壮族聚居的地方，当地人有敬山、水、石为神的习俗，长寿的大榕树是当地村民心中的神，每逢初一、十五便会有许多村民到榕树根上贴红纸，并烧香祭拜，还与榕树套近乎、攀亲戚，拜其为“干妈”，求“干妈”保佑自己健康长寿、儿孙绕膝。在大榕树下到对岸的石门有一渡口，被称为榕荫古渡，是阳朔的一景。据说这石门前就是刘三姐对歌的地方。当年刘三姐就是在这古榕树下向阿牛哥吐露心声，抛出绣球，从此大榕树又被称为“爱情树”。古老的大榕树见证了许许多多有情人在这里互定终身。

◆图6-3 广西阳朔县高田镇凤楼村大榕树景区古榕树

6.1.4　广西桂林市秀峰区古南门古榕树

广西桂林市秀峰区秀峰街道榕湖社区古南门榕湖边的古榕树，为5A级风景区桂林市两江四湖的重要景点。该株榕树树龄1000年，胸径253cm，枝叶婆娑像一把翠伞，榕湖因此树而得名，桂林市亦有“榕城“之称，它是桂林市重要的城市景观标志（图6-4）。

相传，唐高祖武德年间（公元618—626年），李靖在桂林筑城后，古南门门头长了一棵榕树，这棵榕树的根把整个城门包起来了，老百姓从古南门中进进出出，仿佛穿梭于榕树之中，因此古南门也叫“榕树门”。元末明初诗人杨基曾在诗中写道:“兰根出土长斜挂，榕树成门却倒生。”宋代诗人陶弼也写道：“桂花香里寻僧寺，榕叶阴中掩县门。”南宋文学家刘克庄在《榕溪阁》中云：“榕声竹影一溪风，迁客曾来系短篷。我与竹君俱晚出，两榕犹及识涪翁。”清代诗人魏源写道“百里榕成海，千年桂作窝。”传说北宋时期，黄庭坚坐船去宜州时途经桂林，把船停泊在榕湖边。上岸后，他看到榕湖边上堆放了很多塘泥，遂问老百姓：“塘泥是用来做什么的？”老百姓说是用来准备堆在大榕树树根旁边养护榕树的。黄庭坚见塘泥油黑发亮，于是用布包起一块塘泥，在榕树旁的城墙上写下“古南门”三个字。20世纪60年代，郭沫若在游桂林古南门时，联想到黄庭坚也曾游览过此地，于是写下诗句“山谷[①]系舟犹有树，半塘余韵渺如琴”。

◆图6-4　广西桂林市秀峰区榕湖边的古榕树

① 黄庭坚号山谷道人。

6.1.5 广西金秀瑶族自治县大瑶山银杉公园

广西金秀瑶族自治县大瑶山银杉公园位于大瑶山国家级自然保护区银杉保护站，生长于此的一株银杉古树，树龄850年，胸径90m，为目前世界已发现的银杉中最大的一株，成为世界银杉王。银杉树干挺拔，枝条平展，四季常青，是优美的珍稀观赏树种资源（图6-5）。

银杉在地质第三纪时期曾广泛分布于欧亚大陆，第四纪冰川袭击下在地球上几乎绝迹。该属植物花粉曾在法国西南部渐新世与中新世交界的沉积物中发现，其球果化石则在苏联远东地区的第三纪沉积物中找到。20世纪50年代，我国植物学家钟济新教授首次在广西龙胜花坪采到标本，后经陈焕镛和匡可任鉴定为新属新种，定名银杉，成为植物中的"活化石"。银杉的发现，在世界植物学界引起很大的轰动，与大熊猫一样，是我国的稀世国宝，国家一级重点保护野生植物，对研究高等植物的进化理论以及古生物学、古气候学、古地理学等，有重要价值。

◆图6-5 广西金秀瑶族自治县银杉公园银杉古树

6.1.6 广西昭平县黄姚景区古榕树

广西昭平黄姚镇是一个有900多年历史文化的明清古镇，地处漓江下游，素有“诗境家园”的“小桂林”之称，黄姚景区为5A级旅游区。该镇属典型的喀斯特地貌，境内奇峰林立，古木参天，溶洞幽深，清溪环绕。古镇有“六多”，即山水岩洞多、亭台楼阁多、寺观庙祠多、祠堂多、古树多、楹联匾额多。古镇内有山必有水，有水必有桥，有桥必有亭，有亭必有联，有联必有匾，构成了古镇独特的风景。古镇8条主街道全部用黑色石板镶嵌而成，虽历经沧桑，仍无丝毫松动，街道平滑如镜。镇内600多座古建筑为九宫八卦阵式布局，属岭南风格建筑。

黄姚景区内榕树为雅榕，千姿百态，极具特色，其中又以调查号3415的龙爪榕、调查号3416的龙门榕、调查号13481的睡榕人气最旺。这株龙爪榕，树龄850年，是黄姚古镇最古老的一株榕树。榕树气生根比较发达，经过百年的洗礼，气生枝干早在200多年前就已经枯萎，枯萎的枝干上被许多寄生藤以及气根紧紧缠绕包裹着倒立了下来。形成其形似龙爪的枝条。整株树气势磅礴，飞龙腾榕，龙爪栩栩如生在榕树树枝下展露出来。现在这棵古树已成为许多摄影爱好者的宠儿。春天，大榕树舒展着它柔软的枝叶，叶片嫩绿嫩绿的。太阳一出来，树叶油亮亮的，显得格外精神。微风拂过，密密层层的树叶抖动着，好像一个个生命在颤动。它又像一把大伞，当春雨从天下飘落下来时，它密密的叶子为我们遮挡着蒙蒙的细雨，为黄姚古镇景区内最主要的景点之一（图6–6至图6–8）。

◆图6–6 广西昭平县黄姚景区龙爪榕

◆图6-7　广西昭平县黄姚景区睡榕

◆图6-8　广西昭平县黄姚景区龙门榕

6.1.7　湖南醴陵市渌江书院古樟树

渌江书院位于湖南省醴陵市西山街道办事处书院居委会，坐落于西山山腰，始建于南宋淳熙二年（公元1175年）。渌江书院是清代书院全面大发展时期的产物，它历经嘉庆、道光、咸丰、同治直至光绪，又完整经历了清代书院发展史的后两个阶段，为全面地考察清代县级书院的发展演变提供了良好的范例。2013年3月5日，渌江书院被中华人民共和国国务院公布为第七批全国重点文物保护单位。

书院正门一侧的一处高坡上，生长着一株大樟树，树龄1520年，其树干粗壮无比，大概三四个成年人才能合抱；树皮则粗粝硬铮，爆裂成了无数不规则的竖条，却依然坚硬如铁，紧紧包裹在树干上，张力尽显。底下有石碑一块，上镌王阳明（公元1472—1529年）那首著名的《过靖兴寺》（其二）：“老树千年惟鹤住，深潭百尺有龙蟠。僧居却在云深处，别作人间境界看。”这株古樟树，为渌江书院唯一活着的文物（图6-9）。

◆图6-9　湖南醴陵市渌江书院古樟树

6.1.8 福建明溪县翠竹洋火山口景区南方红豆杉古树群

翠竹洋村为中国传统村落，是福建省唯一选址火山口居住的村庄，被评为省级火山口地质公园。海拔880m，四周群山环抱、翠竹绵延，是一个生态环境优美、蕴含深厚历史文化的古村落。翠竹洋村初建于元明宗时期，至今已有700多年历史，现有汤氏宗祠等古建筑23栋。翠竹洋蓝宝石储量丰富，达10530.15万克拉，为中国四大蓝宝石产地之一。蓝宝石与“神仙土”、红豆杉群一并成为翠竹洋村的扬名“三宝”。2018年，翠竹洋村获评省级乡村旅游特色村。该景区在建设过程中极重视古树保护，集中生长的10余株树龄550年的南方红豆杉古树采用木制栅栏保护，古树生长良好（图6–10）。

当地政府围绕南方红豆杉这一珍贵树种进行多层次、多方位、多角度的综合开发利用，走出一条从无到有，从单一药用开发到集药用、材用和观赏利用的多元化开发，从规模扩张到质量提升，从单纯数量生产向标准化、品牌化进步的发展历程，已初步形成南方红豆杉生物质利用、山地珍贵用材林培育、红豆杉景观苗木及盆景等三大类产业集群，实现长中短相结合的产业发展新格局，被国家林业和草原局称为“保护和利用濒危植物的成功典范”。

◆图6–10 福建明溪县翠竹洋火山口景区南方红豆杉古树群

6.2 美丽乡村建设古树保护

保护古树，留住爱树护树背后的乡愁。人类在世代繁衍生息、生产生活中，与古树名木形成了休戚与共的关系，古树承载着几代人心灵深处美好的记忆和割舍不下的乡愁。振兴乡村添新绿，让古树资源和遗产荫庇后人，各地在建设美丽乡村的过程中，保护古树，留住乡愁。

6.2.1 湖南常德市武陵区丹洲乡丹沙村古樟树

湖南常德市武陵区丹洲乡丹砂村古樟树，树龄1000年，胸径414cm，树干呈伞状，树冠直径约60m，枝丫旁逸斜出，有的平伸20余米，其直径30～100cm不等，枝叶繁茂。若春和景明，阳光透过枝叶，洒下稀落的阳光星星点点；若淫雨霏霏，阴暗如身在大厦之中，不见雨滴，乃人们休憩纳凉和孩童嬉戏游玩的最佳场所。1958年，红旗公社和平大队干部发现树干南部有一树洞，洞内有蜂巢，社员们想食蜂蜜，用三根竹篙绑连在一起，在竹篙顶端捆香数十根点燃，立于树洞熏烤，蜂蜜顺竹篙而下。一天后，蜂蜜接满三大脚盆，正当大家喜食蜂蜜时，忽闻“呼呼啦啦”之声，树顶骤然燃起熊熊大火，越烧越旺，人们一时束手无策。正好在常德市工程公司工作的锻工谢显奎回家发现此事，立即用泥巴堵住树下风口，火势才慢慢减弱，树洞内余火燃了七天七夜才熄灭。1997年，为了保护樟树，当地村民谢云政自掏腰包，捐资5000余元，给樟树建修了一个水泥围子以保护树蔸，避免再遭受人为灾害。古樟而今枝繁叶茂，郁郁葱葱，又恢复了勃勃生机（图6-11）。

◆图6-11 湖南常德市武陵区丹洲乡丹沙村古樟树

6.2.2 广西钟山县公安镇大田村大田屯古树保护

广西钟山县公安镇大田村，距县城10多千米，村子依山傍水、风景靓丽、文化底蕴丰厚，如今还保存着20多座明清风格的古民居。该村建村500多年，历史文化底蕴深厚，村中有保存较好的明清时期古民居83座，历经几百年沧桑的十几棵古树见证了大田村的发展和变迁，一座光绪年间扩建的古戏台被列入自治区文物保护单位。2015年被评为自治区级传统古村落，2016年再度被评为自治区级绿色村屯。2018年年初，国家林业和草原局官网公布了大田村入选为"国家森林乡村"。生态宜居的历史古村，现已成为钟山旅游必打卡"圣地"之一。

该村按照"美丽广西"乡村建设升级版要求，认真贯彻实施《广西壮族自治区乡村清洁条例》，积极发动镇村两级干部队伍和大田村村民群众投工投劳参与到生态乡村建设活动，如今的大田村村容村貌整洁，环境优美，村屯内林木葱郁，林木草坪覆盖率高，村屯内主要道路和水系充分绿化，实现了人与自然的和谐相处（图6-12）。

◆图6-12 广西钟山县公安镇大田村大田屯古树

6.2.3 广西富川瑶族自治县楠木古树群保护

广西富川瑶族自治县朝东镇蚌贝村白面寨闽楠群落，为至今国内已知的面积最大、结构最纯、种质资源最优良的楠木林。蚌贝村全村有胸径20cm以上闽楠4000多株，该村爱林、护林故事值得大力宣传。闽楠林生长于村前屋后，交通方便，无任何人员砍伐。当地订立了村规民约，若有人砍伐闽楠，全村村民将到其家杀猪喝酒。

富川楠木古树群，2023年在全国绿化委员会办公室、新华网主办的“双百”古树推送活动中，入选全国100个最美古树群。如今，该楠木古树群与龙归村龙归屯千年古樟、秀水状元村及岔山村潇贺古道串联一起，成为富川特色旅游资源（图6–13）。

◆图6–13　广西富川瑶族自治县楠木古树群

6.2.4 广西柳州市城中区静兰街道环江村龙眼古树群保护

广西柳州市城中区静兰街道环江村，位于广西中部偏北，已是龙眼栽培区北缘，稀有栽培。但城中区的环江村有较大规模的龙眼古树群，古树群面积10.0hm^2，龙眼古树132株，古树群平均树龄114年，平均树高9.0m，平均胸径43.6cm。柳州市城中区每年举办龙眼节，实让人惊奇。环江村系从广西平南、博白等地搬迁来这里，祖先们喜爱经营龙眼果树，搬迁到柳州后也大力发展龙眼，把龙眼当作产业，而今这片龙眼是该村的鼻祖，多数树龄已超过100年，最大一株“龙眼爷爷”已有550岁。这片龙眼至今仍生机勃勃，果实累累，村民称这些龙眼为“水龙眼”，味道比其他龙眼品种更香浓（图6–14）。

◆图6-14 广西柳州市城中区静兰街道环江村龙眼古树群

6.3 古茶品牌建设

古茶树是指存活百年以上的茶乔木，在中国南方多地星散生长，如云南西双版纳茶区、临沧茶区、普洱茶区，广西梧州茶区、百色茶区、柳州茶区、崇左茶区，贵州兴义等地都有古茶树群落，但数量稀少。古茶树的根部深入土壤，更利于吸收地下深层土壤的养分，并转化为营养物质。因此古茶树叶内含物质丰富，古茶树叶也因此更加的耐泡，更具香气，滋味醇厚，回甘生津。古茶树已适应当地的生态环境，并能够抵抗各类病虫害，故无需使用农药，相较于其他茶树而言，更自然，无污染，无需施肥，故更天然。

近年来，中国南方各地都在挖掘、保护、开发古茶树，宣传古茶树文化。据文献报道，贵州全省各地依托古茶树开发的系列产品年产值达10亿元。贵州沿河自治县塘坝镇有连片500余亩5万株栽培型古茶园，涉及100户农户和500人，每株古茶树年收入1000元以上，户均增收10万元。2017年9月1日，贵州省出台了全国首部省级层面关于古茶树保护的地方性法规——《贵州省古茶树保护条例》。

广西为茶组（Camellia sect. Thea）植物主要分布区和栽培区，原生分布的茶组植物种类丰富，茶组古树资源亦十分丰富，近年全区各地开展了古茶树资源普查、保护和品牌宣传工作。2021年9月17日，广西梧州市出台了《梧州市六堡茶文化保护条例》，保护六堡茶古树和六堡茶文化。

6.3.1 广西梧州市六堡茶品牌建设

六堡茶，是广西梧州市现辖行政区域选用当地群体种、大中叶种及其分离、选育的品种、品系茶树的鲜叶为原料，按特定工艺加工制成的黑茶。因广西梧州苍梧县六堡镇产量最大而得名，其产制历史可追溯到1500多年前。清朝同治年间出版的《苍梧县志》有："茶产多贤乡六堡，味厚，隔宿不变""茶色香味俱佳"的记载。在清朝嘉庆年间，以"红、浓、陈、醇"及其独特的槟榔香味而入选中国二十四名茶，远销东南亚各国及粤港澳地区，是著名的"侨销茶"，形成了积淀深厚的"茶船古道"文化，是广西海上丝绸之路的重要组成部分，是中国茶叶行销史上一个瑰丽篇章。2017年5月18日，习近平总书记在致首届中国茶叶博览会的贺信中，首次将"茶船古道"与"一带一路"并提。

2011年，梧州六堡茶入选国家地理标志保护产品，2014年六堡茶制作技艺列入国家非物质文化遗产代表性项目名录，2017年六堡茶第一个国家标准《黑茶　第4部分：六堡茶》（GB/T 32719.4—2016）正式实施。

六堡茶产业是梧州传统特色优势产业，是广西打造千亿元茶产业的主要品牌。近年来，梧州市委、市政府出台一系列政策措施，大力扶持六堡茶产业，推进"加工园区化、产品标准化、品牌国际化、文化普及化"建设，产业蓬勃发展并取得显著成效，六堡茶越来越深受世界各地消费者的喜爱，为谱写广西海上丝绸之路新篇章作出积极贡献。

2022年，梧州市启动六堡茶古茶树调查，仅以已完成调查的苍梧县为例，有茶（*Camellia sinensis*）、香花茶（*Camellia sinensis* var. *waldensae*）、突肋茶（*Camellia costata*）等多个茶组植物种。规模栽培的为茶，但香花茶、突肋茶产量高、具特殊风味，值得推广。苍梧县有古茶树超过1万株（图6–15、图6–16）。

◆图6–15　广西苍梧古茶树，树龄200年

◆图6-16　广西苍梧古茶园（距今110年）

6.3.2　广西扶绥县姑辽茶品牌建设

姑辽茶因出产于姑辽山而得名，为国家地理标志保护产品。姑辽茶历史悠久，在清代，它被列为皇室贡品，后经越南漂洋过海进入法国茶市。姑辽茶，植物学名为白毛茶（*Camellia sinensis* var. *pubilimba*），产自广西扶绥县东门镇六头村姑辽屯及周边村屯。茶汤金黄，清澈明亮，赏心悦目；品之，入口爽滑，味道醇厚；闻之，自带的花香、蜜香、果香分层显现。姑辽茶具有止泻、健胃、助消化、去火、提神、去除口腔异味的功效。

传说，很久以前的一个夏天清晨，天上的“七仙女”私自下凡间遨游，在姑辽山山脚迷魂泉旁，遗落了七件绿色霓裳，化成七株飘香的茶树。一天，居住在姑辽山附近的一位壮族先祖肚痛腹泻不止，四处求医问药，病情却不见好转。深夜，他忽然做了一个奇异的梦，梦见有仙人指点迷魂泉旁边的茶树能治好他的病。梦醒，先祖家人按照梦中所指，赶紧到泉边摘回数片嫩芽熬制汤药，当水开的时候，茶汤冒出阵阵浓香弥漫整个山谷和村庄，气若游丝的先祖喝下一碗茶汤不久，肚子疼痛全部消散，整个人也神清气爽，健步走下病床，带领族人把村子移到了姑辽山脚下。姑辽茶的神奇功效很快在十里八乡传开了。从此，姑辽人便把茶树称为“仙姑茶”和“福寿茶”。后来，为了体现姑辽茶能治疗疾病之意，又更名为“姑辽茶”（寓意：仙姑治疗疾病的茶），久而久之当地村民不仅把村庄起名为姑辽村，连山名也叫姑辽山。

姑辽茶茶叶种植加工已有数百年历史，现存百年以上古茶树602株，最大古茶树树高10.2m，胸径38.6cm，树龄700年。当地管理、采摘、加工、经营古茶已有丰富经验，村民自制古树牌挂于树干，标示树龄，古树茶单独采摘、单独加工、单独销售，售价是普通茶叶数十倍（图6-17）。

◆图6-17　广西扶绥县姑辽茶古树及人工采摘古树茶

6.3.3　广西隆林各族自治县大厂茶品牌建设

广西隆林各族自治县位于云贵高原边缘，与贵州册亨、安龙、兴义，云南罗平隔河相望。境内海拔较高，以中山为主，无平原，金钟山山脉自西向东横贯全县，南部的斗烘坡顶峰海拔1950.8m，为全县最高峰，西南部蚂蚁高坡海拔1826m，西部金钟山海拔1819.4m。

隆林各族自治县，属亚热带季风气候区，这里低纬度、高海拔，冬无严寒、夏无酷暑、日照充足、雨量充沛，境内动植物资源与矿物资源丰富，自然条件优越，尤其古茶树资源丰富。隆林古茶树树种为大厂茶（*Camellia tachangensis*），根据我们的调查，沿金钟山山脉，海拔1000m以上山地，生长有胸径5cm以上茶树约5万株，延绵约40km，局部地段甚至是以大厂茶为优势种群落。

据文献记载及当地群众反映，隆林自古便有茶韵传承，是古茶之乡。相传一千多年前，彝人为了躲避战祸，举族翻山越岭，由金钟山脉至斗烘坡。在山林中，彝人战士发现一株叶茂芽壮的茶树，疲惫不堪的众人取茶树芽叶嚼之，顿感精力旺盛，在以后的战斗中更是屡战屡胜。后来当地人将这棵茶树封为“神树”，并将这棵神树郑重保护起来，虔诚相信只要人树相依，就能长保风调雨顺、五谷丰登，这便是隆林“生命之树”的由来。为传承对生命之树的敬仰与感恩，每年开春采茶前，彝族人都会举行祭茶仪式。此外，隆林当地也常年有植茶饮茶的延寿风俗（图6-18）。

◆图6-18　广西隆林各族自治县大厂古茶树，胸径30cm

大厂茶叶片宽大，野生茶嫩叶长可达9～12cm，宽4～6cm，采摘容易。鲜叶收购价60元/kg，每个采茶工每日可采约20kg，日收入超1000元。春季，当地野生茶山满是采茶人。当地村民反馈，野生茶树所制而成的古茶韵味十足，茶叶品质极佳，隆林古茶也因此流芳神州，名誉华夏。

广西隆林正山堂茶业有限公司于2022年5月注册成立，公司依托“正山堂”独有的制茶工艺、品牌力量，着力打造“隆林红”公共品牌，力争成为国内大叶种古树茶红茶的领军品牌，提升产品附加值和茶青收购价格，促进隆林各族自治县茶产业发展，助农增收，助力乡村振兴，使之成为隆林县域特色产业的又一张名片。

6.4 荔枝品牌建设

6.4.1　广西北流市民乐镇萝村荔枝古树保护

萝村隶属于广西北流市民乐镇，是中国首批传统村落、广西历史文化名村和玉林市特色岭南文化名村。萝村集中有大量地方传统建筑、古风古韵的民居群落，现存有无锡国学专修学校萝村校址、镬耳楼、云山寺、近代著名国学家诗人陈柱故居等30多处历史文化景点。萝村于2010年获得广西历史文化名村称号，2013年被评为“中国首批传统古村落”。2017年获得“广西特色文化名村”称号。

北流产荔枝，为广西荔枝主产区，荔枝古树甚多。北流市萝村目前共有198株树龄在100年以上的荔枝古树，其中3株树龄约为1000年，47株树龄约为500年。近年来，该村以发展乡村文化旅游、加快乡村振兴为目标，想方设法多方筹资保护利用好荔枝古树，建

成了古荔园，已开发了荔枝干、荔枝酒、荔枝罐头、荔枝蜂蜜等“千年荔枝”特色产品。自2022年开始，该村举行拍卖首株荔枝树采摘权，第一株是位于萝村古村落无锡国学专修学校旧址门前池塘旁古荔枝树，果实以59888元的价格成交（图6-19）。

◆图6-19　广西北流市民乐镇萝村千年荔枝古树

6.4.2　广西灵山县荔枝古树保护

灵山县位于广西南部沿海环北部湾经济区的腹地，东邻浦北，南接合浦，西连钦北，西北及北部与邕宁、横县交界，地处北回归线以南，属南亚热带季风气候。县内以丘陵、平原为主，土地肥沃，河流纵横，山川秀丽。灵山县大部分土地是花岗岩赤红壤和砂页岩赤红壤，土层厚度在1m以上，pH值、有机质含量、含氮量、含磷量、含钾量都很适宜荔枝生长，得天独厚的水土和气候条件，使灵山成为最适宜荔枝生长的黄金地带。

据史料记载，灵山荔枝种植始于汉朝，到宋朝有较大发展。1992年10月，灵山的桂味、香荔分别获得首届中国农业博览会金质奖、银质奖。此后，在第二届、第三届中国农业博览会上又都双双折桂。1996年3月，中国特色之乡命名宣传活动组委会命名灵山县为“中国荔枝之乡”。2003年和2006年，“灵龙”牌灵山香荔获“广西名牌产品”称号。2007年，灵山香荔被评为“中国十大荔枝优质品种”。2019年11月15日，灵山荔枝入选中国农业品牌目录。

灵山荔枝历史悠久，根据广西古树名木普查结果，灵山县有荔枝古树3243株，树龄超过1000年的古树9株，最老一株1520年。此树位于灵山县新圩镇邓家村塘坡屯旁，胸径177cm，冠幅15.4m。树干距地面2米处主要分为3大丫，一丫已断，留下2m上的断丫，树丫粗50cm，另两丫1.2m处，树干基部有部分已经腐烂，大树也有部分腐烂，并有许多大小不等的洞，枝条弯曲下垂，有的枝叶着地，枝叶浓绿。树干基部裸露，形成各种爪状，形态上给人以饱经风霜，苍劲古拙之感。据《灵山县志》《广东荔枝志》记载，1963年著名生物学家蒲垫龙教授带领广东省果树研究所专家组前来考察，认定这棵荔枝古树树龄超过1460年，即至今已有1520年，是中国发现的树龄最长的"灵山香荔母树"。该树虽然经历1000多年的沧桑，但仍结果累累，最高产量达1400多千克，曾经在荔枝节上拍得价值18万元。这棵香荔母树，其子孙分布广西各地，其产生的经济效益无法估算，为地方经济繁荣立下了汗马功劳（图6-20）。

灵山县以荔枝古树为媒，自20世纪90年代初开始，每年举办荔枝节系列活动，有荔枝购销一条街、荔枝趣味竞技比赛、千年古荔拍卖、美食小吃一条街及名特优新产品展销展示、龙舟赛等，每年都吸引了数万名各地游客及全国各地的众多客商齐聚灵山，共享佳节。

◆图6-20　广西灵山县荔枝古树，树龄1520年

6.5 农产品地理产品标志

广西玉林市是全国香料原材料产地和集散地，素有“无药不过玉林，寻香必至玉州”的美誉。作为一个由小商小贩自发形成起步的市场，玉林香料市场数十年间几经波折，如今正成长为全国香料定价和交易中心。然而，玉林香料产业既“大”又“小”，大是指国内80%的香料在这里集散，年交易额约300亿元，小则是说在总量约10万亿元的食品、医药、日用等关联行业中占比不高。八角、肉桂、丁香、孜然、胡椒、白豆蔻……常用的200余种香料中，玉林香料交易达160余种。

广西是八角的主要产区，玉林是广西最大的八角产地。2021年，在六万大山深处，发现一片树龄85年，总数达405株八角准古树群，该八角准古树群是广西唯一的八角古树群落，也为广西境内八角古树最多的生长点。依据此结果，2022年，“玉林八角”获国家地理标志证明商标，极大地提高了八角知名度（图6-21）。

◆图6-21　广西六万大山八角准古树群

附件

胸径生长模型法估测树龄对照表

表1　胸径生长模型法估算古树树龄对照（一）

树龄	马尾松	细叶云南松	华南五针松	短叶黄杉	黄杉	黄枝油杉	油杉/江南油杉、矩鳞油杉
80	**59**	**40.8**	**39.3**	**24.0**	**36.7**	**36.4**	**41.4**
100	**70**	**47.4**	**46.7**	**29.8**	**46.5**	**50.1**	**49.4**
120	80	53.0	52.3	35.5	55.0	62.4	57.3
140	89	57.9	56.7	41.1	62.0	73.4	64.9
150	94	60.2	58.6	43.9	64.9	78.4	68.6
160	98	62.3	60.2	46.6	67.6	83.0	72.2
180	107	66.1	63.1	52.1	72.0	91.5	79.2
200	115	69.6	65.5	57.4	75.4	99.0	86.0
220	122	72.7	67.6	62.7	78.1	105.7	92.4
240	130	75.5	69.3	67.9	80.1	111.6	98.5
250	134	76.8	70.1	70.5	80.9	114.4	101.5
260	137	78.0	70.8	73.1	81.6	117.0	104.3
280	144	80.3	72.1	78.1	82.8	121.8	109.9
300	**151**	**82.5**	**73.3**	**83.1**	**83.7**	**126.1**	**115.1**
320	157	84.4	74.3		84.4	130.0	120.2
340	163	86.2	75.3		84.9	133.6	124.9
350	166	87.1	75.7		85.1	135.3	127.2
360	169	87.9	76.1		85.2	136.9	129.5
380	175	89.4	76.8		85.5	139.9	133.8
400	180	90.9	77.5		85.7	142.7	137.9
420	186	92.2	78.1		85.9	145.3	141.9
440	191	93.5	78.7		86.0	147.6	145.6
450	194	94.1	79.0		86.1	148.8	147.4
460	196	94.7	79.2		86.1	149.8	149.2
480	201	95.8	79.7		86.2	151.9	152.6
500	**206**	**96.8**	**80.1**		**86.2**	**153.8**	**155.9**
550	217	99.2				158.1	163.5
600	228	101.2				161.8	170.4
650	237	103.0				165.0	176.6
700	246	104.6				167.8	182.2
750	255	106.0				170.2	187.3

注：加粗字体表示古树保护级别树龄分界线，下同。

表2 胸径生长模型法估算古树树龄（二）

树龄	银杉	铁杉	杉木	水松	柏木	福建柏	罗汉松/鸡毛松/南方红豆杉
80	**23.5**	**18.9**	**47.9**	**36.1**	**53.0**	**23.8**	**39.7**
100	**28.4**	**22.4**	**54.1**	**47.2**	**60.3**	**28.5**	**44.6**
120	32.9	25.5	59.7	56.4	67.1	33.3	49.1
140	37.1	28.4	64.8	64.1	73.5	38.3	53.3
150	39.1	29.7	67.2	67.4	76.5	40.9	55.3
160	41.0	31.0	69.5	70.5	79.4	43.4	57.2
180	44.6	33.4	74.0	76.0	85.1	48.5	60.9
200	48.0	35.5	78.1	80.6	90.5	53.7	64.4
220	51.0	37.6	82.1	84.6	95.7	58.8	67.7
240	53.9	39.4	85.9	88.2	100.7	63.9	70.9
250	55.2	40.3	87.7	89.7	103.1	66.4	72.4
260	56.5	41.1	89.5	91.2	105.5	68.9	74.0
280	58.9	42.7	93.0	94.0	110.2	73.9	76.9
300	**61.2**	**44.2**	**96.3**	**96.4**	**114.7**	**78.8**	**79.8**
320	63.3	45.6	99.6	98.6	119.1	83.6	82.5
340	65.2	46.9	102.7	100.5	123.4	88.3	85.2
350	66.1	47.5	104.2	101.4	125.6	90.6	86.6
360	67.0	48.1	105.7	102.3	127.6	92.9	87.9
380	68.8	49.2	108.7	103.9	131.7	97.5	90.4
400	70.4	50.3	111.5	105.4	135.8	101.9	92.9
420	71.9	51.3	114.3	106.8	139.7	106.2	95.3
440	73.3	52.3	117.0	108.0	143.5	110.4	97.7
450	74.0	52.8	118.3	108.6	145.4	112.5	98.9
460	74.6	53.2	119.6	109.2	147.3	114.5	100.0
480	75.9	54.1	122.2	110.2	151.0	118.6	102.3
500	**77.1**	**54.9**	**124.7**	**111.2**	**154.7**	**122.5**	**104.5**
550	79.8	56.8	130.7	113.4	163.6	131.9	109.9
600	82.2	58.4	136.5	115.3	172.1	140.7	115.1
650	84.3	59.9	142.0	116.9	180.3	149.0	120.1
700	86.2	61.2	147.2	118.2	188.3	156.7	124.9
750	87.9	62.4	152.2	119.5	196.1	164.0	129.5
800	89.4	63.5	157.0	120.5	203.6	170.9	134.0
850	90.8	64.5	161.6	121.5	211.0	177.3	138.4
900	92.0	65.4	166.1	122.3	218.1	183.4	142.6
950	93.2	66.3	170.4	123.1	225.2	189.2	146.8
1000	**94.2**	**67.1**	**174.6**	**123.8**	**232.0**	**194.6**	**150.8**
1100							**158.6**
1200							**166.1**

表3　胸径生长模型法估算古树树龄（三）

树龄	银杏	马褂木	香子含笑（醉香含笑、白兰、香木莲、观光木）	樟树	闽楠	红楠	潺槁树	台湾鱼木
80	**99.3**	**47.7**	**51.4**	**50.6**	**45.5**	**39.4**	**54.1**	**54.1**
100	**104.0**	**50.7**	**59.9**	**59.9**	**56.3**	**45.9**	**60.4**	**60.4**
120	108.7	52.8	68.4	69.4	66.4	51.2	65.5	65.5
140	113.6	54.3	76.9	78.9	75.9	55.6	69.8	69.8
150	116.1	54.9	81.2	83.6	80.3	57.4	71.6	71.6
160	118.7	55.5	85.4	88.3	84.6	59.2	73.3	73.3
180	123.8	56.4	93.7	97.7	92.6	62.2	76.3	76.3
200	129.1	57.2	101.8	107.0	99.9	64.8	78.9	78.9
220	134.5	57.9	109.8	116.1	106.7	67.1	81.1	81.1
240	140.0	58.4	117.5	125.0	113.0	69.1	83.1	83.1
250	142.8	58.6	121.3	129.3	115.9	70.0	84.0	84.0
260	145.6	58.8	125.1	133.7	118.7	70.8	84.9	84.9
280	151.3	59.2	132.4	142.2	124.1	72.3	86.4	86.4
300	**157.1**	**59.6**	**139.5**	**150.4**	**129.0**	**73.7**	**87.8**	**87.8**
320	163.0		146.4	158.4	133.6		89.1	89.1
340	169.0		153.0	166.2	137.9		90.3	90.3
350	172.0		156.3	170.0	139.9		90.8	90.8
360	175.0		159.5	173.8	141.9		91.3	91.3
380	181.0		165.7	181.1	145.6		92.3	92.3
400	187.1		171.8	188.2	149.1		93.1	93.1
420	193.2		177.6	195.1	152.4		93.9	93.9
440	199.4		183.3	201.8	155.5		94.7	94.7
450	202.5		186.1	205.1	156.9		95.0	95.0
460	205.5		188.8	208.3	158.4		95.4	95.4
480	211.7		194.1	214.6	161.1		96.0	96.0
500	**217.8**		**199.2**	**220.7**	**163.7**		**96.6**	**96.6**
550	233.0		211.3	235.1	169.5			
600	247.8		222.5	248.4	174.6			
650	262.1		232.8	260.8	179.2			
700	275.9		242.4	272.3	183.2			
750	288.8		251.3	283.0	186.8			
800	301.0		259.6	292.9	190.0			
850	312.3		267.3	302.2	193.0			
900	322.7		274.5	310.9	195.6			
950	332.2		281.3	319.1	198.1			
1000	**340.9**		**287.6**	**326.7**	**200.3**			

表4 胸径生长模型法估算古树树龄（四）

树龄	阳桃	紫薇	尾叶紫薇	茶	油茶	木荷	银木荷	望天树	广西青梅
80	**49.5**	**20.0**	**47.7**	**12.0**	**15.2**	**37.7**	**33.1**	**59.2**	**47.7**
100	**54.4**	**25.0**	**57.8**	**15.0**	**19.0**	**44.8**	**37.9**	**70.8**	**57.8**
120	58.6	30.0	67.1	18.0	22.8	51.4	41.7	82.2	67.1
140	62.2	35.0	75.5	21.0	26.6	57.5	44.6	93.3	75.5
150	63.9	37.5	79.4	22.5	28.5	60.4	45.9	98.7	79.4
160	65.4	40.0	83.1	24.0	30.4	63.2	47.0	104.0	83.1
180	68.3	45.0	90.1	27.0	34.2	68.5	49.0	114.2	90.1
200	70.8	50.0	96.4	30.0	38.0	73.4	50.7	123.9	96.4
220	73.0	55.0	102.1	33.0	41.8	78.0	52.1	133.2	102.1
240	75.0	60.0	107.4	36.0	45.6	82.4	53.4	142.1	107.4
250	76.0	62.5	109.8	37.5	47.5	84.4	53.9	146.4	109.8
260	76.9	65.0	112.2	39.0	49.4	86.4	54.4	150.5	112.2
280	78.5	70.0	116.6	42.0	53.2	90.3	55.4	158.5	116.6
300	**80.0**	**75.0**	**120.6**	**45.0**	**57.0**	**93.8**	**56.2**	**166.1**	**120.6**
320	81.4					97.2			
340	82.7					100.4			
350	83.2					101.9			
360	83.8					103.4			
380	84.9					106.2			
400	85.9					108.8			
420	86.8					111.3			
440	87.7					113.7			
450	88.1					114.8			
460	88.5					115.9			
480	89.2					118.0			
500	**90.0**					**120.0**			
550						124.4			
600						128.3			
650						131.6			
700						134.5			
750						137.0			
800						139.2			
850						141.1			
900						142.7			
950						144.2			
1000						**145.4**			

表5 胸径生长模型法估算古树树龄（五）

树龄	水翁	乌墨	竹节树	金丝李	蚬木	广西火桐	苹婆	银叶树	木棉
80	**57.7**	**59.2**	**18.8**	**41.7**	**31.4**	**59.2**	**47.7**	**18.8**	**76.2**
100	**66.3**	**70.8**	**23.3**	**48.0**	**36.9**	**70.8**	**57.8**	**23.3**	**87.6**
120	73.7	82.2	27.7	53.8	42.0	82.2	67.1	27.7	98.6
140	80.1	93.3	32.0	59.2	47.0	93.3	75.5	32.0	109.2
150	82.9	98.7	34.1	61.9	49.4	98.7	79.4	34.1	114.3
160	85.6	104.0	36.3	64.4	51.7	104.0	83.1	36.3	119.3
180	90.5	114.2	40.4	69.3	56.3	114.2	90.1	40.4	128.9
200	94.8	123.9	44.5	74.1	60.7	123.9	96.4	44.5	138.1
220	98.6	133.2	48.5	78.6	65.0	133.2	102.1	48.5	146.8
240	102.1	142.1	52.4	83.0	69.2	142.1	107.4	52.4	155.0
250	103.7	146.4	54.4	85.2	71.2	146.4	109.8	54.4	159.0
260	105.2	150.5	56.3	87.3	73.3	150.5	112.2	56.3	162.9
280	108.0	158.5	60.1	91.4	77.3	158.5	116.6	60.1	170.3
300	**110.6**	**166.1**	**63.8**	**95.4**	**81.2**	**166.1**	**120.6**	**63.8**	**177.4**
320			67.5	99.4	85.0			67.5	184.1
340			71.1	103.2	88.8			71.1	190.5
350			72.8	105.1	90.7			72.8	193.6
360			74.6	107.0	92.5			74.6	196.6
380			78.1	110.6	96.2			78.1	202.3
400			81.5	114.3	99.8			81.5	207.8
420			84.9	117.8	103.4			84.9	213.1
440			88.2	121.3	106.9			88.2	218.1
450			89.8	123.0	108.6			89.8	220.5
460			91.4	124.7	110.3			91.4	222.9
480			94.6	128.1	113.8			94.6	227.5
500			**97.8**	**131.4**	**117.1**			**97.8**	**231.8**
550			105.4		125.4			105.4	242.0
600			112.8		133.5			112.8	251.1
650			119.8		141.4			119.8	259.4
700			126.7		149.1			126.7	266.9
750			133.2		156.7			133.2	273.8
800			139.5		164.2			139.5	280.1
850			145.6		171.5			145.6	285.8
900			151.5		178.6			151.5	291.2
950			157.2		185.7			157.2	296.1
1000			**162.7**		**192.7**			**162.7**	**300.7**
1100					**206.3**				
1200					**219.6**				
1300					**232.6**				

表6 胸径生长模型法估算古树树龄（六）

树龄	乌桕	重阳木	秋枫	枇杷	海红豆	格木	任豆	顶果木	中国无忧花	土沉香
80	**47.0**	**59.2**	**59.4**	**45.2**	**50.3**	**59.8**	**111.0**	**111.0**	**47.7**	**49.5**
100	**55.9**	**70.8**	**75.1**	**51.4**	**61.0**	**67.4**	**126.0**	**126.0**	**57.8**	**57.1**
120	64.1	82.2	89.8	56.5	71.0	73.6	136.9	136.9	67.1	63.7
140	71.7	93.3	103.1	60.8	80.4	78.7	144.5	144.5	75.5	69.3
150	75.3	98.7	109.4	62.7	85.0	81.0	147.3	147.3	79.4	71.9
160	78.7	104.0	115.3	64.5	89.3	83.1	149.6	149.6	83.1	74.3
180	85.1	114.2	126.4	67.7	97.8	86.9	153.1	153.1	90.1	78.7
200	90.9	123.9	136.4	70.5	105.7	90.1	155.4	155.4	96.4	82.6
220	96.3	133.2	145.6	73.0	113.3	93.0	157.0	157.0	102.1	86.1
240	101.3	142.1	153.9	75.2	120.5	95.5	158.0	158.0	107.4	89.2
250	103.6	146.4	157.8	76.2	123.9	96.6	158.3	158.3	109.8	90.7
260	105.9	150.5	161.6	77.1	127.3	97.7	158.6	158.6	112.2	92.0
280	110.1	158.5	168.6	78.9	133.8	99.7	159.1	159.1	116.6	94.6
300	**114.1**	**166.1**	**175.0**	**80.5**	**140.0**	**101.6**	**159.3**	**159.3**	**120.6**	**97.0**
320	117.7	173.3	180.9	82.0	145.9	103.2	159.5	159.5	124.4	
340	121.1	180.2	186.4	83.3	151.6	104.7	159.6	159.6	127.9	
350	122.7	183.5	189.0	83.9	154.3	105.4	159.7	159.7	129.5	
360	124.3	186.7	191.5	84.5	156.9	106.0			131.1	
380	127.2	193.0	196.2	85.6	162.1	107.3			134.1	
400	130.0	198.9	200.6	86.7	167.1	108.4			136.8	
420	132.6	204.5	204.7	87.6	171.8	109.5			139.4	
440	135.0	209.9	208.6	88.5	176.4	110.5			141.9	
450	136.2	212.5	210.4	88.9	178.6	110.9			143.0	
460	137.3	215.1	212.1	89.3	180.7	111.4			144.2	
480	139.5	220.0	215.5	90.1	184.9	112.2			146.3	
500	**141.6**	**224.7**	**218.7**	**90.8**	**189.0**	**113.0**			**148.3**	
550		235.6	225.9			114.8				
600		245.3	232.1			116.3				
650		254.2	237.6			117.6				
700		262.2	242.4			118.8				
750		269.6	246.7			119.8				
800		276.2	250.6			120.7				
850		282.4	254.0			121.5				
900		288.1	257.2			122.2				
950		293.3	260.1			122.9				
1000		**298.1**	**262.7**			**123.5**				

表7 胸径生长模型法估算古树树龄（七）

树龄	皂荚	酸角	槐树	肥荚红豆	枫香	薯豆杜英	黄杨	杨梅	钩栲	米槠	甜槠	栲
80	**56.3**	**75.8**	**43.7**	**59.4**	**43.8**	**45.6**	**12.7**	**31.4**	**32.9**	**39.2**	**35.7**	**29.7**
100	**65.9**	**89.4**	**52.5**	**75.1**	**55.4**	**49.9**	**15.0**	**44.4**	**40.3**	**45.8**	**40.9**	**32.0**
120	74.4	101.5	60.5	89.8	66.8	53.1	17.1	60.1	47.5	52.0	45.1	33.7
140	81.9	112.3	67.9	103.1	77.8	55.6	18.9	77.2	54.4	57.8	48.4	35.0
150	85.4	117.3	71.4	109.4	83.1	56.6	19.8	85.7	57.8	60.6	49.9	35.6
160	88.7	122.1	74.8	115.3	88.3	57.6	20.6	93.9	61.1	63.4	51.2	36.1
180	94.7	131.0	81.2	126.4	98.2	59.1	22.1	108.7	67.6	68.7	53.5	37.0
200	100.2	139.1	87.1	136.4	107.6	60.4	23.5	120.7	73.8	73.8	55.4	37.8
220	105.1	146.5	92.7	145.6	116.4	61.5	24.7	129.6	79.8	78.7	57.1	38.4
240	109.7	153.3	97.9	153.9	124.7	62.5	25.9	135.9	85.6	83.5	58.5	38.9
250	111.8	156.5	100.4	157.8	128.6	62.9	26.4	138.2	88.5	85.8	59.2	39.2
260	113.8	159.6	102.8	161.6	132.5	63.3	27.0	140.2	91.2	88.1	59.8	39.4
280	117.7	165.4	107.4	168.6	139.8	64.0	27.9	143.0	96.7	92.6	60.9	39.8
300	**121.2**	**170.8**	**111.7**	**175.0**	**146.6**	**64.6**	**28.9**	**144.8**	**102.0**	**97.0**	**61.9**	**40.2**
320	124.4	175.8	115.8	180.9	153.1	65.2	29.7	146.0	107.1	101.3	62.7	40.5
340	127.5	180.5	119.7	186.4	159.2	65.7	30.5	146.7	112.1	105.5	63.5	40.8
350	128.9	182.7	121.5	189.0	162.1	65.9	30.9	147.0	114.5	107.6	63.9	40.9
360	130.3	184.8	123.4	191.5	164.9	66.1	31.3	147.2	116.9	109.7	64.3	41.1
380	132.9	188.9	126.8	196.2	170.3	66.5	32.0	147.5	121.5	113.7	64.9	41.3
400	135.4	192.8	130.1	200.6	175.4	66.8	32.6	147.7	126.1	117.7	65.5	41.5
420	137.7	196.4	133.2	204.7	180.3	67.2	33.2	147.8	130.5	121.6	66.0	41.7
440	139.8	199.8	136.2	208.6	184.9	67.5	33.8	147.9	134.7	125.5	66.5	41.9
450	140.9	201.4	137.7	210.4	187.0	67.6	34.1	147.9	136.8	127.4	66.8	42.0
460	141.9	203.0	139.1	212.1	189.2	67.7	34.4	147.9	138.9	129.3	67.0	42.1
480	143.8	206.0	141.8	215.5	193.3	68.0	34.9	148.0	142.9	133.0	67.4	42.2
500	**145.6**	**208.9**	**144.4**	**218.7**	**197.2**	**68.2**	**35.4**	**148.0**	**146.9**	**136.7**	**67.8**	**42.4**
550	149.7		150.4		206.2	68.8			156.3	145.7		
600	153.3		155.7		214.1	69.2			165.0	154.4		
650	156.5		160.6		221.2	69.6			173.3	162.9		
700	159.4		165.0		227.6	69.9			181.0	171.1		
750	161.9		169.1		233.4	70.1			188.3	179.2		
800	164.2		172.7		238.6	70.4			195.2	187.1		
850	166.3		176.1		243.3	70.6			201.7	194.8		
900	168.2		179.3		247.7	70.8			207.9	202.3		
950	169.9		182.2		251.7	71.0			213.7	209.7		
1000	**171.5**		**184.9**		**255.3**	**71.1**			**219.3**	**217.0**		

表8 胸径生长模型法估算古树树龄（八）

树龄	红锥	苦槠	栓皮栎	麻栎	大叶榉树/榔榆	青檀	朴树	白颜树	见血封喉	木波罗	榕树
80	**39.2**	**26.2**	**34.4**	**34.4**	**38.3**	**32.9**	**43.9**	**43.9**	**135.3**	**75.1**	**70.5**
100	**45.8**	**32.4**	**42.5**	**42.5**	**50.3**	**40.4**	**53.1**	**53.1**	**141.2**	**95.2**	**87.1**
120	52.0	38.6	49.9	49.9	61.9	47.7	61.8	61.8	146.7	111.6	102.7
140	57.8	44.7	56.5	56.5	72.8	54.7	69.9	69.9	151.9	125.0	117.4
150	60.6	47.7	59.6	59.6	78.1	58.2	73.8	73.8	154.5	130.8	124.3
160	63.4	50.7	62.5	62.5	83.1	61.5	77.6	77.6	156.9	136.1	130.9
180	68.7	56.6	67.8	67.8	92.6	68.1	84.8	84.8	161.7	145.4	143.5
200	73.8	62.4	72.7	72.7	101.5	74.5	91.6	91.6	166.1	153.2	155.1
220	78.7	68.1	77.0	77.0	109.7	80.7	98.1	98.1	170.4	160.0	165.8
240	83.5	73.7	81.0	81.0	117.3	86.7	104.2	104.2	174.5	165.9	175.7
250	85.8	76.5	82.8	82.8	120.8	89.6	107.2	107.2	176.4	168.5	180.3
260	88.1	79.2	84.5	84.5	124.3	92.5	110.0	110.0	178.3	171.0	184.8
280	92.6	84.7	87.8	87.8	130.8	98.1	115.6	115.6	182.0	175.6	193.3
300	**97.0**	**90.1**	**90.8**	**90.8**	**136.9**	**103.6**	**120.8**	**120.8**	**185.6**	**179.6**	**201.2**
320	101.3	95.4	93.6	93.6	142.5	108.9	125.8	125.8	188.9	183.2	208.6
340	105.5	100.6	96.1	96.1	147.7	114.1	130.6	130.6	192.1	186.4	215.4
350	107.6	103.2	97.3	97.3	150.2	116.6	132.9	132.9	193.7	187.9	218.7
360	109.7	105.7	98.5	98.5	152.6	119.1	135.2	135.2	195.2	189.3	221.8
380	113.7	110.8	100.6	100.6	157.2	124.0	139.5	139.5	198.2	192.0	227.8
400	117.7	115.8	102.6	102.6	161.5	128.8	143.7	143.7	201.0	194.4	233.4
420	121.6	120.7	104.5	104.5	165.5	133.4	147.7	147.7	203.7	196.6	238.7
440	125.5	125.6	106.3	106.3	169.3	137.9	151.5	151.5	206.3	198.6	243.7
450	127.4	128.0	107.1	107.1	171.1	140.1	153.4	153.4	207.6	199.6	246.0
460	129.3	130.4	107.9	107.9	172.8	142.3	155.2	155.2	208.8	200.5	248.4
480	133.0	135.1	109.5	109.5	176.2	146.6	158.7	158.7	211.2	202.3	252.8
500	**136.7**	**139.8**	**110.9**	**110.9**	**179.4**	**150.7**	**162.1**	**162.1**	**213.5**	**203.9**	**256.9**
550	145.7	151.1	114.1	114.1	186.6	160.7	170.0		218.9	207.4	266.4
600	154.4	162.1	117.0	117.0	192.9	170.1	177.2		223.9	210.4	274.7
650	162.9	172.8	119.4	119.4	198.5	178.9	183.8		228.4	213.0	282.1
700	171.1	183.0	121.6	121.6	203.4	187.2	189.9		232.6	215.3	288.7
750	179.2	193.0	123.5	123.5	207.9	195.1	195.5		236.4	217.2	294.6
800	187.1	202.7	125.3	125.3	211.9	202.6	200.7		240.0	218.9	299.9
850	194.8	212.0	126.8	126.8	215.5	209.6	205.5		243.3	220.5	304.7
900	202.3	221.1	128.2	128.2	218.8	216.3	209.9		246.3	221.9	309.1
950	209.7	229.9	129.5	129.5	221.8	222.7	214.1		249.2	223.1	313.0
1000	**217.0**	**238.4**	**130.7**	**130.7**	**224.5**	**228.8**	**218.0**		**251.9**	**224.2**	**316.7**

表9　胸径生长模型法估算古树树龄（九）

树龄	垂叶榕	菩提树	黄葛树	高山榕	鹊肾树	苦丁茶/铁冬青	黄皮/山黄皮	橄榄	香椿	红椿
80	**58.3**	**70.5**	**64.8**	**70.6**	**32.9**	**29.4**	**45.6**	**32.5**	**98.0**	**83.3**
100	**72.1**	**87.1**	**79.2**	**86.1**	**40.4**	**38.9**	**49.9**	**48.6**	**111.8**	**99.5**
120	85.7	102.7	93.0	101.0	47.7	48.5	53.1	64.1	122.1	114.4
140	99.0	117.4	106.3	115.2	54.7	57.6	55.6	78.5	130.0	128.1
150	105.5	124.3	112.7	122.0	58.2	61.8	56.6	85.1	133.3	134.5
160	112.0	130.9	119.0	128.6	61.5	65.7	57.6	91.5	136.2	140.7
180	124.8	143.5	131.2	141.2	68.1	72.5	59.1	103.2	141.3	152.3
200	137.4	155.1	142.9	153.0	74.5	77.9	60.4	113.8	145.5	163.1
220	149.7	165.8	154.1	164.0	80.7	82.1	61.5	123.4	149.0	173.2
240	161.8	175.7	164.9	174.3	86.7	85.0	62.5	132.0	152.0	182.5
250	167.7	180.3	170.2	179.2	89.6	86.2	62.9	136.0	153.4	187.0
260	173.6	184.8	175.4	184.0	92.5	87.1	63.3	139.8	154.6	191.3
280	185.3	193.3	185.4	193.0	98.1	88.5	64.0	146.8	156.9	199.5
300	**196.7**	**201.2**	**195.1**	**201.5**	**103.6**	**89.4**	**64.6**	**153.3**	**158.8**	**207.2**
320	207.9	208.6	204.4	209.5	108.9	89.9			160.6	214.5
340	218.9	215.4	213.5	217.0	114.1	90.2			162.2	221.3
350	224.4	218.7	217.9	220.5	116.6	90.3			162.9	224.6
360	229.8	221.8	222.2	224.0	119.1	90.4			163.6	227.7
380	240.4	227.8	230.6	230.6	124.0	90.5			164.8	233.8
400	250.9	233.4	238.7	236.9	128.8	90.5			166.0	239.6
420	261.2	238.7	246.6	242.8	133.4	90.5			167.0	245.1
440	271.3	243.7	254.3	248.4	137.9	90.5			168.0	250.3
450	276.3	246.0	258.0	251.1	140.1	90.6			168.4	252.8
460	281.2	248.4	261.6	253.7	142.3	90.6			168.8	255.2
480	291.0	252.8	268.8	258.7	146.6	90.6			169.7	259.9
500	**300.6**	**256.9**	**275.8**	**263.5**	**150.7**	**90.6**			**170.4**	**264.4**
550		266.4	292.2	274.4						
600		274.7	307.5	284.1						
650		282.1	321.8	292.8						
700		288.7	335.1	300.5						
750		294.6	347.6	307.5						
800		299.9	359.3	313.9						
850		304.7	370.3	319.7						
900		309.1	380.7	324.9						
950		313.0	390.4	329.8						
1000		**316.7**	**399.7**	**334.2**						

表10 胸径生长模型法估算古树树龄（十）

树龄	麻楝	荔枝	龙眼	无患子	杧果	扁桃	南酸枣	黄连木	人面子	枫杨	喙核桃
80	**38.4**	**57.2**	**34.6**	**49.5**	**63.8**	**78.8**	**53.1**	**48.6**	**105.3**	**48.6**	**29.8**
100	**41.9**	**65.7**	**41.3**	**63.0**	**69.0**	**91.6**	**65.5**	**59.0**	**123.5**	**60.0**	**43.7**
120	44.8	74.0	47.4	71.3	74.7	103.0	77.6	68.9	138.5	71.0	58.8
140	47.3	82.0	53.1	76.9	80.9	113.2	89.4	78.3	151.1	81.7	74.2
150	48.5	86.0	55.7	79.1	84.1	117.8	95.1	82.8	156.6	87.0	81.7
160	49.5	89.8	58.3	80.9	87.5	122.3	100.9	87.2	161.7	92.2	89.1
180	51.5	97.3	63.1	84.0	94.7	130.4	112.1	95.6	170.7	102.3	103.0
200	53.3	104.4	67.5	86.3	102.5	137.7	123.0	103.7	178.6	112.2	115.4
220	55.0	111.3	71.7	88.2	111.0	144.3	133.7	111.3	185.4	121.9	126.1
240	56.6	117.9	75.5	89.7	120.1	150.2	144.1	118.6	191.3	131.3	135.0
250	57.3	121.0	77.4	90.4	124.9	153.0	149.2	122.1	194.1	136.0	138.8
260	58.0	124.1	79.2	91.0	130.0	155.6	154.2	125.5	196.6	140.5	142.2
280	59.4	130.1	82.5	92.1	140.7	160.6	164.2	132.2	201.3	149.5	147.8
300	**60.7**	**135.9**	**85.7**	**93.0**	**152.2**	**165.1**	**173.9**	**138.6**	**205.6**	**158.2**	**152.1**
320	62.0	141.3	88.7	93.8		169.3	183.4	144.6	209.4	166.8	155.3
340	63.1	146.6	91.5	94.5		173.1	192.6	150.5	212.8	175.1	157.5
350	63.7	149.1	92.9	94.9		174.9	197.2	153.3	214.4	179.2	158.4
360	64.3	151.6	94.2	95.2		176.7	201.7	156.1	215.9	183.3	159.1
380	65.3	156.4	96.7	95.7		180.0	210.6	161.4	218.8	191.2	160.2
400	66.4	160.9	99.0	96.2		183.0	219.3	166.6	221.4	199.0	160.9
420	67.4	165.3	101.3	96.7		185.9	227.7	171.6	223.8	206.6	161.3
440	68.3	169.5	103.4	97.1		188.5	236.0	176.3	226.1	214.0	161.6
450	68.8	171.6	104.5	97.2		189.8	240.1	178.7	227.1	217.7	161.7
460	69.3	173.6	105.5	97.4		191.0	244.2	180.9	228.1	221.3	161.8
480	70.2	177.4	107.4	97.8		193.4	252.1	185.4	230.0	228.4	161.9
500	**71.1**	**181.1**	**109.2**	**98.1**		**195.6**	**259.9**	**189.6**	**231.8**	**235.4**	**162.0**
550	73.1	189.8	113.5				278.8	199.7		252.2	
600	75.1	197.6	117.3				296.6	208.9		268.1	
650	76.9	204.8	120.7				313.7	217.4		283.2	
700	78.6	211.3	123.8				329.9	225.2		297.6	
750	80.2	217.3	126.6				345.4	232.5		311.3	
800	81.8	222.8	129.2				360.2	239.3		324.4	
850	83.3	227.9	131.5				374.4	245.6		336.9	
900	84.7	232.7	133.7				387.9	251.5		348.8	
950	86.1	237.0	135.7				400.9	257.0		360.2	
1000	**87.4**	**241.1**	**137.5**				**413.4**	**262.1**		**371.1**	

表11　胸径生长模型法估算古树树龄（十一）

树龄	青钱柳	柿	紫荆木	铁线子	肉实树	桂花	女贞	鸡蛋花	糖胶树	红鳞蒲桃	菜豆树	臭椿
80	**37.0**	**24.6**	**29.8**	**105.3**	**29.4**	**44.1**	**33.4**	**34.6**	**78.8**	**32.9**	**43.9**	**78.7**
100	**47.1**	**36.3**	**43.7**	**123.5**	**38.9**	**50.5**	**45.6**	**41.3**	**91.6**	**40.4**	**53.1**	**108.4**
120	56.6	46.8	58.8	138.5	48.5	55.8	55.8	47.4	103.0	47.7	61.8	136.1
140	65.5	56.4	74.2	151.1	57.6	60.4	64.3	53.1	113.2	54.7	69.9	157.9
150	69.7	60.9	81.7	156.6	61.8	62.5	68.0	55.7	117.8	58.2	73.8	166.2
160	73.8	65.4	89.1	161.7	65.7	64.4	71.5	58.3	122.3	61.5	77.6	172.9
180	81.3	73.9	103.0	170.7	72.5	67.9	77.5	63.1	130.4	68.1	84.8	182.2
200	88.3	82.1	115.4	178.6	77.9	70.9	82.7	67.5	137.7	74.5	91.6	187.7
220	94.8	90.0	126.1	185.4	82.1	73.6	87.2	71.7	144.3	80.7	98.1	190.8
240	100.7	97.6	135.0	191.3	85.0	76.1	91.1	75.5	150.2	86.7	104.2	192.5
250	103.5	101.3	138.8	194.1	86.2	77.2	92.8	77.4	153.0	89.6	107.2	193.1
260	106.2	105.0	142.2	196.6	87.1	78.3	94.5	79.2	155.6	92.5	110.0	193.5
280	111.3	112.2	147.8	201.3	88.5	80.2	97.5	82.5	160.6	98.1	115.6	194.0
300	**115.9**	**119.2**	**152.1**	**205.6**	**89.4**	**82.0**	**100.2**	**85.7**	**165.1**	**103.6**	**120.8**	**194.3**
320	120.3	126.1	155.3			83.7	102.6		169.3			
340	124.3	132.8	157.5			85.2	104.8		173.1			
350	126.3	136.1	158.4			85.9	105.8		174.9			
360	128.1	139.4	159.1			86.5	106.7		176.7			
380	131.6	145.9	160.2			87.8	108.5		180.0			
400	134.9	152.2	160.9			89.0	110.1		183.0			
420	138.0	158.5	161.3			90.1	111.6		185.9			
440	140.9	164.7	161.6			91.1	113.0		188.5			
450	142.3	167.8	161.7			91.6	113.6		189.8			
460	143.6	170.8	161.8			92.0	114.3		191.0			
480	146.2	176.8	161.9			92.9	115.4		193.4			
500	**148.6**	**182.7**	**162.0**			**93.7**	**116.5**		**195.6**			
550	154.1		162.0			95.6						
600	158.9		162.0			97.2						
650	163.2		162.0			98.6						
700	167.0		162.0			99.9						
750	170.3		162.0			101.0						
800	173.4		162.0			102.0						
850	176.1		162.0			102.8						
900	178.6		162.0			103.6						
950	180.9		162.0			104.4						
1000	**183.0**		**162.0**			**105.0**						

关于进一步加强古树名木保护管理的意见

全绿字〔2016〕1号

各省、自治区、直辖市绿化委员会，各有关部门（系统）绿化委员会，中国人民解放军、中国人民武装警察部队绿化委员会，内蒙古、吉林、龙江、大兴安岭森工（林业）集团公司，新疆生产建设兵团绿化委员会：

古树名木是自然界和前人留下来的珍贵遗产，是森林资源中的瑰宝，具有极其重要的历史、文化、生态、科研价值和较高的经济价值。为深入贯彻落实党的十八大关于建设生态文明的战略决策，不断挖掘古树名木的深层重要价值，充分发挥其独特的时代作用，现就进一步加强古树名木保护管理提出如下意见：

一、充分认识加强古树名木保护的重要性和紧迫性

（一）全面深刻认识保护古树名木的重要意义

古树是指树龄在100年以上的树木。名木是指具有重要历史、文化、景观与科学价值和具有重要纪念意义的树木。古树名木保存了弥足珍贵的物种资源，记录了大自然的历史变迁，传承了人类发展的历史文化，孕育了自然绝美的生态奇观，承载了广大人民群众的乡愁情思。加强古树名木保护，对于保护自然与社会发展历史，弘扬先进生态文化，推进生态文明和美丽中国建设具有十分重要的意义。

（二）加强古树名木保护管理刻不容缓

近年来，各地、各部门（系统）积极采取措施，组织开展资源调查，制定法律法规，完善政策机制，落实管护责任，切实加强古树名木保护管理工作，取得了明显成效。但是，当前也还存在着认识不到位、保护意识不强、资源底数不清、资金投入不足、保护措施不力、管理手段单一等问题，擅自移植、盗伐盗卖等人为破坏现象时有发生，形势十分严峻，加强古树名木保护管理刻不容缓。各地、各部门（系统）绿化委员会要站在对历史负责、对人民负责、对自然生态负责的高度，充分认识保护古树名木的必要性和迫切性，切实采取有效措施，进一步强化古树名木保护管理。

二、指导思想、基本原则和总体目标

（一）指导思想

以邓小平理论、“三个代表”重要思想、科学发展观为指导，全面贯彻党的十八大和十八届三中、四中、五中全会精神，深入贯彻习近平总书记系列重要讲话精神，以实现古树名木资源有效保护为目标，坚持全面保护、依法管理、科学养护的方针，积极推进古树名木保护管理法治化建设，进一步落实古树名木管理和养护责任，不断加大投入力度，强化科技支撑，加强队伍建设，努力提高全社会保护意识，切实保护好每一棵古树名木，充分发挥古树名木在传承历史文化、弘扬生态文明中的独特作用，为推进绿色发展、建设美丽中国作出更大贡献。

（二）基本原则

坚持全面保护。古树名木是不可再生和复制的稀缺资源，是祖先留下的宝贵财富，必须做好全面普查，摸清资源状况，逐步将所有古树名木资源都纳入保护范围。

坚持依法保护。进一步加强古树名木保护立法，健全法规制度体系，依法管理，严格执法，着力提升法治化、规范化管理水平。

坚持政府主导。充分发挥地方各级人民政府和绿化委员会职能作用，逐步建立健全政府主导、绿化委员会组织领导、部门分工负责、社会广泛参与的保护管理机制。

坚持属地管理。县级以上绿化委员会统一组织本行政区域内古树名木保护管理工作。县级以上林业、住房城乡建设（园林绿化）等部门要根据省级人民政府规定，分工负责，切实做好本行政区域广大乡村和城市规划区的古树名木保护管理工作。

坚持原地保护。古树名木应原地保护，严禁违法砍伐或者移植古树名木。要严格保护好古树名木的原生地生长环境，设立保护标志，完善保护设施。

坚持科学管护。积极组织开展古树名木保护管理科学研究，大力推广先进养护技术，建立健全技术标准体系，提高管护科技水平。坚持抢救复壮与日常管护并重，促进古树名木健康生长。

（三）工作目标

到2020年，完成第二次全国古树名木资源普查，形成详备完整的资源档案，建立全国统一的古树名木资源数据库；建成全国古树名木信息管理系统，初步实现古树名木网络化管理；建立古树名木定期普查与不定期调查相结合的资源清查制度，实现全国古树名木保护动态管理；逐步建立起国家与地方相结合的古树名木保护管理体系，初步实现古树名木保护系统化管理；建立比较完备的古树名木保护管理法律法规制度体系，逐步实现古树名木保护管理法治化；建立起比较完善的古树名木保护管理体制和责任机制，使古树名木都有部门管理、有人养护，实现全面保护；科技支撑进一步加强，初步建立起一支能满足古树名木保护工作需要的专业技术队伍；社会公众的古树名木保护意识显著提升，在全社会形成自觉保护古树名木的良好氛围。

三、古树名木保护管理工作的主要任务

（一）组织开展资源普查

全国绿化委员会每10年组织开展一次全国性古树名木资源普查。有条件的地方可根据工作实际需要，适时组织资源普查。在普查间隔期内，各地要加强补充调查和日常监测，及时掌握资源变化情况。对新发现的古树名木资源，应及时登记建档予以保护。

（二）加强古树名木认定、登记、建档、公布和挂牌保护

各地要根据古树名木资源普查结果，及时开展古树名木认定、登记、建档、公布、挂牌等基础工作。在做好纸质档案收集整理归纳的基础上，充分利用现代信息技术手段，建立古树名木资源电子档案。

（三）建立健全管理制度

各地、各有关部门要按照国家有关法规、部门职责和属地管理的原则，进一步加强古

树名木保护管理制度建设，明确古树名木管理部门，层层落实管理责任；探索划定古树名木保护红线，严禁破坏古树名木及其自然生境。在有关建设项目审批中应避让古树名木；对重点工程建设确实无法避让的，应科学制订移植保护方案实行移植异地保护，严格依照相关法规规定办理审批手续；对工程建设影响到古树名木保护的项目，项目主管部门要及时与古树名木行政主管部门签订临时保护责任书，落实建设单位和施工单位的保护责任。林业、住房城乡建设（园林绿化）部门要加强古树名木日常巡查巡视，发现问题及时妥善处理。要结合本地古树名木资源状况，制订防范古树名木自然灾害应急预案。

（四）全面落实管护责任

要按照属地管理原则和古树名木权属情况，落实古树名木管护责任单位或责任人，由县级林业、住房城乡建设（园林绿化）等绿化行政主管部门与管护责任单位或责任人签订责任书，明确相关权利和义务。管护责任单位和责任人应切实履行管护责任，保障古树名木正常生长。

（五）加强日常养护

古树名木保护行政主管部门要根据古树名木生长势、立地条件及存在的主要问题，制订科学的日常养护方案，督促指导责任单位和责任人认真实施相关养护措施，积极创造条件改善古树名木生长环境。及时排查树体倾倒、腐朽、枯枝、病虫害等问题，并有针对性地采取保护措施；对易被雷击的高大、孤立古树名木，要及时采取防雷保护措施。

（六）及时开展抢救复壮

对发现濒危的古树名木，要及时组织专业技术力量，采取切实可行的措施，尽力进行抢救。对长势衰弱的古树名木，要通过地上环境综合治理、地下土壤改良、有害生物防治、树洞防腐修补、树体支撑加固等措施，有步骤、有计划地开展复壮工作，逐步恢复其长势。

四、完善保障措施

（一）完善法律法规体系

各地、各有关部门要认真贯彻实施《森林法》《环境保护法》《城市绿化条例》等法律法规中关于古树名木保护管理的相关规定，加快推进古树名木保护管理立法工作，将实践证明行之有效的经验和好的做法及时上升为法律法规，加强古树名木保护地方性法规、规章、制度的制修订，进一步健全完善法律法规制度体系，努力提高依法行政、依法治理的能力和水平。

（二）加大执法力度

各地、各有关部门要依法依规履行保护管理职能，依法严厉打击盗砍盗伐和非法采挖、运输、移植、损害等破坏古树名木的违法行为。各有关部门要加强沟通协调，对破坏和非法采挖倒卖古树名木等行为，坚决依法依规，从严查处；对构成犯罪的，依法追究刑事责任。

（三）加大资金投入

各地、各有关部门要加大资金投入力度，积极支持古树名木普查、鉴定、建档、挂牌、日常养护、复壮、抢救、保护设施建设以及科研、培训、宣传、表彰奖励等资金需求。拓宽资金投入渠道，将古树名木保护管理纳入全民义务植树尽责形式，鼓励社会各界、基金、社团组织和个人通过认捐、认养等多种形式参与古树名木保护。积极探索建立非国家所有的古树名木保护补偿机制。

（四）强化科技支撑

要加大对古树名木保护管理科学技术研究的支持力度，组织开展保护技术攻关，大力推广应用先进养护技术，提高保护成效。研究制定古树名木资源普查、鉴定评估、养护管理、抢救复壮等技术规范，建立健全完善的古树名木保护管理技术规范体系。成立古树名木保护管理专家咨询委员会，为古树名木保护管理提供科学咨询和技术支持。

（五）加强专业队伍建设

各地、各部门（系统）要加强古树名木保护管理从业人员专业技术培训，培养造就一批高素质的管理和专业技术人才队伍。组织开展管护责任单位、责任人的培训教育，提高管护水平，增强管护责任意识。

五、加强组织领导

（一）切实加强领导

地方各级人民政府要高度重视，切实加强领导，将古树名木保护管理作为生态文明建设的重要内容，纳入经济社会发展规划；要将古树名木保护管理列入地方政府重要议事日程，编制古树名木保护规划并认真组织实施，及时研究解决古树名木保护工作中的重大问题，定期组织开展资源普查，向社会公布古树名木保护名录，设置保护设施和保护标志；要建立和完善古树名木保护工作目标责任制和责任追究制度。地方各级绿化委员会要加强组织领导和协调，统筹推进古树名木保护管理工作。地方各级林业、住房城乡建设（园林绿化）等绿化行政主管部门要制订年度工作计划，明确目标，落实责任，强化举措，扎实推进古树名木保护管理工作。其他相关部门要加强协作，形成合力，协同推进古树名木保护管理工作。乡镇、村屯等基层组织要按照属地管理的原则，落实管护责任，做到守土有责，确保古树名木安全、正常生长。

（二）强化督促检查

地方各级绿化委员会要进一步加强古树名木保护工作的统筹协调和检查督促指导。全国绿化委员会办公室会同有关部门每2年组织开展一次古树名木保护工作落实情况督促检查，对古树名木保护工作突出、成效明显的，予以通报表扬；对保护工作不力的，责成立即整改；对发现违规移植古树名木的，不得参加生态保护和建设方面的各项评比表彰，已经获取相关奖项或称号的，一律予以取消。要建立古树名木保护定期通报制度、专家咨询制度及公众和舆论监督机制，推进古树名木保护工作科学化、民主化。

（三）加大宣传力度

各地、各部门（系统）要将古树名木作为推进生态文明建设的重要载体，加大宣传教育力度，弘扬生态文明理念，提高全社会生态保护意识。要充分利用网络、电视、电台、报刊及各类新媒体，大力宣传保护古树名木的重要意义，宣传古树名木文化，不断增强社会各界和广大公众保护古树名木的自觉性。及时向社会发布古树名木保护信息，组织开展形式多样的专题宣传活动，组织编写发放通俗易懂、群众喜闻乐见的科普宣传资料，提高宣传成效。

关于禁止大树古树移植进城的通知

全绿字〔2009〕8号

各省、自治区、直辖市、新疆生产建设兵团绿化委员会、林业厅（局）：

近年来，一些地方为追求城市快速绿化效果，大量移植大树古树进城，不仅造成树木原生地森林资源和自然生态、景观的破坏，而且由于移植过程强度修枝、切冠，加之养护跟不上，移植成活率低，对森林资源保护和城乡绿化事业发展造成了极为不利的影响。为了深入贯彻落实科学发展观，统筹城乡绿化建设，保护珍贵野生树种资源及自然生态环境，促进国土绿化和生态建设事业健康发展，现就禁止大树古树移植进城的有关事项通知如下：

一、加强宣传教育，进一步促进全社会树立正确的生态文明观

各级绿化委员会、林业主管部门要从深入贯彻落实科学发展观，保护森林资源和自然生态环境，建设生态文明的高度，从思想源头抓起，积极做好禁止大树古树移植进城的宣传教育工作。要通过报刊、广播、电视、网络、移动通信以及板报、标语等形式重点宣传移植大树古树的危害。要通过宣传，讲清挖掘大树，异地栽植，违背树木生长的自然规律、改变树木赖以生存的自然环境、不利于树木生长、破坏原生生态的道理。要宣传从山上或农村移植树木到城里搞绿化，是一种拆东墙补西墙的做法，不仅不增加森林碳汇，而且还破坏森林资源，极不利于巩固多年的林业建设成果。要宣传移植大树成本费用很高，不符合建设节约型社会的要求。要大力宣传树木学、生态学、生态文化和生态文明知识，弘扬生态道德，大兴爱护树木新风尚，增强全社会爱护树木、保护森林的自觉意识。

二、大力发展苗木基地，保障城市绿化需要

要积极发展本地育苗基地，定向培育适合城市造林绿化的乡土、珍贵、优质苗木，为城市增绿提供充足的苗木资源。大苗处于生长发育的旺盛期，在园林城市、森林城市、生态城市等重点绿化工程建设中使用，可以起到加快城市绿化、美化的作用。各地要做好苗木生产规划，调整不合理的苗木生产结构。苗木生产要与保护生物多样性相结合，重视培养乡土树种苗木，并在良种繁育上下功夫，努力培育珍贵树种和速生苗木。同时，要做好农村家庭苗圃的技术指导，注重苗木生产与城市绿化有机衔接，积极引导城市绿化采用适生大苗，以大苗栽植替代大树移植。

三、规范树木采挖管理，切实保护和发展好森林资源

各地要认真贯彻落实《国家林业局关于规范树木采挖管理有关问题的通知》（林资发〔2003〕41号）精神，采取切实有效措施，坚决遏制大树进城之风。对古树名木、列入国家重点保护植物名录的树木、自然保护区或森林公园内的树木、天然林木、防护林、风景林、母树林以及名胜古迹、革命纪念地、其他生态环境脆弱地区的树木等，禁止移植。对确因基本建设征占用林地或道路拓宽、旧城改造等特殊情况，需要移植树木的，需由建设单位提出申请，报林业等有审批权的部门审批后方可移植，并妥善保护管理。移植要讲究科学，确保成活。

关于加强乡村古树保护的提案复文

（2022年第04942号［农业水利类403号］）

我国古树名木数量巨大，广泛分布在全国各地，客观记录和生动反映了社会发展和自然变迁的痕迹，传承了人类发展的历史文化，承载了广大人民群众的乡愁情思。以习近平同志为核心的党中央高度重视古树名木保护工作，2015年，《中共中央 国务院关于加快推进生态文明建设的意见》提出，切实保护珍稀濒危野生动植物、古树名木及自然生境。2018至2020年，连续三年的中央一号文件均强调要保护古树名木。《中共中央办公厅 国务院办公厅农村人居环境整治三年行动方案》提出，将古树名木保护纳入村规民约。《中共中央办公厅 国务院办公厅农村人居环境整治提升五年行动方案（2021—2025年）》提出，深入实施乡村绿化美化行动，突出保护古树名木。2019年，全国人大常委会修订《森林法》时，将保护古树名木列为专门条款，成为依法保护古树名木的标志性事件。

一、摸清全国古树资源底数

全国绿化委员会和我局高度重视摸清全国古树资源底数。2015年至2021年，全国绿化委员会组织开展了第二次全国古树名木资源普查。国家林业局通过出台《古树名木鉴定规范》《古树名木普查技术规范》等行业标准、开设培训班等方式，对古树名木的鉴定、普查工作进行规范指导。通过本次普查，基本查清了我国古树名木资源本底情况，形成了比较详备的古树名木资源管理档案和资源数据库。普查结果显示，全国散生古树中超过90%位于乡村。同时，各地也认真开展了乡村古树资源普查，对乡村古树名木开展认定挂牌，实施系统保护。

我局将适时召开新闻发布会，向媒体发布本次普查成果，推动建立全国古树名木资源管理“一张图”，指导各地完善古树资源数据库，加强乡村古树名木挂牌保护。

二、规范古树移植

各地、各有关部门加快城乡绿化步伐。有些地方为了片面追求视觉效果，大量移植大树古树进城，不仅破坏了原生地的生态环境，移植的树木成活率还不高，对古树资源造成了破坏。2009年5月，全国绿化委员会、国家林业局印发《关于禁止大树古树移植进城的通知》，要求各地加强宣传教育、大力发展苗木基地、规范树木采挖管理。2014年2月，全国绿化委员会、国家林业局印发《关于进一步规范树木移植管理的通知》，要求各地充分认识树木移植的弊端，杜绝大树古树违法采挖、运输和经营，禁止使用违法采挖的大树进行城乡绿化。

我局将持续加强对上述文件落实情况的监督检查，并在古树名木保护条例起草中明确迫不得已情形下移植古树名木的程序和要求，依法严厉打击盗砍盗伐和非法采挖、运输、移植、损害等破坏古树的违法行为，确保珍贵古树资源得到有效保护。

三、在城乡规划和建设过程中强化古树保护

近年来，各地、各有关部门加强古树名木保护管理，注重在城乡规划建设过程中提

前避让和保护古树名木。2016年2月，全国绿化委员会印发《关于进一步加强古树名木保护管理的意见》，明确在有关建设项目审批中应避让古树名木。2021年10月，国务院印发《关于开展营商环境创新试点工作的意见》，提出在土地供应前，要对古树名木等进行现状普查，形成评估结果和普查意见清单，在土地供应时一并交付用地单位。目前已有17个省（区、市）出台了专门的古树名木保护条例或保护管理办法，均对城乡规划建设过程中古树名木保护问题作了明确规定。

我局将做好国家层面古树名木保护条例的制订工作，从法律上明确划出建设控制地带、建设工程避让、管护责任落实、禁止行为等要求，并指导和推动各地区健全古树名木保护相关法规制度，进一步规范和强化城乡规划建设过程中古树名木保护工作。

四、保护古树基因库

正如您提到的，古树具有独特而重要的价值。千百年来，古树名木饱经磨难而不衰、历经风雨而不倒，充分展示了对大自然超凡的适应能力和突出的抗逆性，它们的基因是生物物种中最优秀的基因之一，保护古树名木就是保护一座优良种源基因的宝库。我局高度重视古树基因库保护工作，目前正在组织开展古树种质资源扩繁试点。各地结合当地古树分布情况，积极开展保护古树基因的工作。北京市、陕西省等地开展了一系列古树种质资源扩繁研究，为保护古树的物种多样性和遗传多样性积累了重要经验。我局将继续组织开展古树种质资源扩繁试点，推动各地加强古树种质资源研究，保存和延续弥足珍贵的古树基因。

五、提高社会公众珍视古树意识

近年来，各地、各有关部门广泛开展古树名木保护宣传和科普教育，运用报刊、杂志、电视、网络和新媒体等方式，弘扬先进生态文化，挖掘古树名木历史价值，讲好古树名木背后的故事。全国绿化委员会办公室、中国林学会组织开展了“中国最美古树”遴选活动，公布了85株“最美古树”。各地也积极开展形式多样的宣传活动，让群众感受古树之美、共享古树名木保护成果，社会公众古树名木保护意识显著增强。

我局将结合全国古树名木资源普查发布，举办中国古树名木保护图片展，摄制保护古树名木的专题片和短视频，通过形式多样的宣传活动，加大科普教育力度，引导公众参与和监督乡村古树名木保护工作，让保护古树名木成为全社会的自觉意识和行动，营造良好舆论氛围。

广西壮族自治区古树名木保护条例

（2017年3月29日）

第一章　总则

第一条　为了保护古树名木，促进生态文明建设，根据《中华人民共和国森林法》和国务院《城市绿化条例》等有关法律、行政法规，结合本自治区实际，制定本条例。

第二条　本自治区行政区域内古树名木的保护和管理，适用本条例。

第三条　本条例所称古树，是指树龄在一百年以上的树木。

本条例所称名木，是指具有重要历史、文化、景观、科研价值或者重要纪念意义的树木。

第四条　古树名木保护应当有利于传承自然与社会发展历史，有利于弘扬生态文明和乡土文化，有利于推进乡村建设，坚持全面保护、科学管护、属地管理、原地保护、政府主导、社会参与的原则。

第五条　各级人民政府统一组织、协调本行政区域内古树名木的保护管理工作。

县级以上人民政府应当将古树名木保护纳入城乡总体规划，并将古树名木保护所需经费列入本级预算，用于古树名木资源的普查、认定、养护、抢救以及古树名木保护的宣传、培训、科研等工作。

第六条　县级以上人民政府林业、城市绿化主管部门（以下简称古树名木主管部门）为本行政区域内古树名木保护主管部门。县级以上人民政府林业主管部门负责城市总体规划确定的建设用地范围外古树名木的保护管理工作；县级以上人民政府城市绿化主管部门负责城市总体规划确定的建设用地范围内古树名木的保护管理工作。

县级以上人民政府公安、财政、环境保护、城乡规划、文化、旅游、文物等有关部门按照各自职责，做好古树名木保护管理工作。

第七条　各级人民政府应当加强对古树名木保护科学研究工作的支持，推广应用科研成果，宣传普及保护知识，提高保护管理水平。

第八条　任何单位和个人都有保护古树名木的义务，有权制止和举报损害古树名木的行为。

第九条　鼓励企业事业组织、社会团体以及其他社会组织和公民等社会力量参与古树名木保护工作。

鼓励单位和个人向国家捐献古树名木以及以捐资、认养等形式参与古树名木的保护。捐献、捐资、认养古树名木的单位和个人可以在古树名木保护牌中享有一定期限的署名权。

第二章 古树名木认定

第十条 县级以上人民政府应当组织古树名木主管部门，至少每十年对本辖区内的古树名木开展一次普查，对古树名木进行登记、编号、拍照、定位，建立图文档案，并根据古树名木生长、存活情况及时更新。

自治区人民政府组织、协调古树名木主管部门建设全区古树名木图文数据库，对古树名木资源进行动态监测管理。

第十一条 鼓励单位和个人向古树名木主管部门报告新发现的古树名木资源。接到报告的古树名木主管部门应当及时进行调查、认定和建档。

第十二条 古树按照下列规定实行分级保护：

（一）树龄在一千年以上的古树，实行特级保护；

（二）树龄在五百年以上不满一千年的古树，实行一级保护；

（三）树龄在三百年以上不满五百年的古树，实行二级保护；

（四）树龄在一百年以上不满三百年的古树，实行三级保护。

名木实行一级保护。

第十三条 古树名木由所在地市、县人民政府古树名木主管部门组织有关专家鉴定，并将鉴定结果予以公示。

有关单位或者个人对古树名木的鉴定结果有异议的，可以向作出古树名木鉴定结果的古树名木主管部门提出。古树名木主管部门根据具体情况，可以重新组织鉴定。

第十四条 古树名木按照下列规定进行认定和公布：

（一）特级、一级保护的古树和名木由自治区人民政府认定并公布；

（二）二级保护的古树由设区的市人民政府认定并公布；

（三）三级保护的古树由市、县人民政府认定并公布。

第十五条 县级人民政府古树名木主管部门应当根据古树名木资源普查情况，确定树龄在八十年以上不满一百年的树木作为古树后续资源，参照三级古树的保护措施实行保护。

第十六条 自治区人民政府应当根据古树名木的保护级别，组织、协调古树名木主管部门制定养护技术规范和相应的保护措施，并向社会公布。

第三章 古树名木养护

第十七条 古树名木实行养护责任制。县级人民政府古树名木主管部门应当按照下列规定确定古树名木的养护责任单位或者个人（以下简称养护责任人）：

（一）机关、团体、企业事业单位和文物保护单位、宗教活动场所等用地范围内的古树名木，由所在单位负责养护。

（二）机场、铁路、公路、江河堤坝和水库湖渠用地范围内的古树名木，由机场、铁路、公路和水利工程管理单位负责养护。

（三）自然保护区、风景名胜区和森林公园、地质公园、湿地公园、城市公园用地范围内的古树名木，由其管理机构负责养护。

（四）城市道路、街巷、绿地、广场以及其他公共设施用地范围内的古树名木，由其管理机构或者城市园林绿化管理单位负责养护。

（五）城镇居住区、居民庭院范围内的古树名木，由乡镇人民政府或者街道办事处负责养护。

（六）乡镇街道、绿地、广场以及其他公共设施用地范围内的古树名木，由乡镇人民政府负责养护。

（七）农村承包土地上的古树名木，由该承包人、经营者负责养护；农村宅基地上的古树名木，由宅基地使用权人负责养护；其他农村土地范围内的古树名木，由村民委员会或者村民小组负责养护。

（八）个人所有的古树名木，由个人负责养护。前款规定范围以外的古树名木，养护责任人由所在地县级人民政府古树名木主管部门确定。

有关单位和个人对确定的养护责任人有异议的，可以向县级人民政府古树名木主管部门申请复核。古树名木主管部门应当自收到申请之日起十个工作日内作出决定。

第十八条 养护责任人应当履行下列养护职责，并接受古树名木主管部门的指导和监督检查：

（一）按照养护技术规范做好松土、浇水等日常养护工作，并防止对古树名木的人为损害；

（二）对古树名木进行经常性的看护和观察，对其生长情况进行观测，发现病虫害等异常情况及时向古树名木主管部门报告。

第十九条 县级人民政府古树名木主管部门应当与养护责任人签订养护协议，明确双方的权利和义务。

养护责任人应当按照养护协议的要求，对古树名木进行养护。古树名木养护责任人变更的，应当重新签订养护协议。

第二十条 古树名木的日常养护费用由政府承担。

第二十一条 县级以上人民政府古树名木主管部门应当加强对古树名木养护技术规范的宣传和培训，无偿提供技术服务，指导养护责任人对古树名木进行养护。

养护责任人应当按照养护技术规范对古树名木进行养护，可以向古树名木主管部门咨询养护知识。

第二十二条 县级以上人民政府古树名木主管部门应当定期组织专业技术人员对古树名木进行专业养护，发现古树名木有病虫害或者其他生长异常情况时，应当及时救治。

政府可以通过购买服务的方式，聘请古树名木专业养护单位等为古树名木养护提供专业化服务。

第二十三条 古树名木遭受病虫害或者人为、自然灾害损伤，出现明显的生长衰弱、濒危症状的，养护责任人应当及时向所在地县级人民政府古树名木主管部门报告。

古树名木主管部门应当自接到报告之日起五个工作日内，组织专家和技术人员开展现场调查，查明原因和责任，采取抢救、治理、复壮等措施。

第二十四条　县级以上人民政府古树名木主管部门应当按照下列规定对古树名木养护情况进行定期检查：

（一）特级保护的古树，至少每三个月检查一次；

（二）一级保护的古树和名木，至少每半年检查一次；

（三）二级、三级保护的古树，至少每年检查一次。

在检查中发现古树名木生长有异常情况或者环境状况影响古树名木生长的，古树名木主管部门应当及时采取保护和救治措施，并将检查情况和采取措施处理过程记入古树名木图文档案。

第四章　古树名木管理

第二十五条　县级人民政府古树名木主管部门根据实际需要，可以在古树名木周围醒目位置设立保护牌，并设置支撑架、保护栏、避雷装置等相应的保护设施。

古树名木保护牌应当标明古树名木编号、名称、学名、科属、树龄、保护级别、养护责任人、挂牌单位、设置时间以及古树名木主管部门联系电话等内容。保护牌由自治区人民政府统一制定式样和编号。

任何单位和个人不得擅自移动或者损毁古树名木保护牌和保护设施。

第二十六条　禁止下列损害古树名木的行为：

（一）砍伐；

（二）擅自移植；

（三）剥损树皮、掘根、向古树名木灌注有毒有害物质；

（四）在古树名木树冠垂直投影向外五米范围内修建建筑物或者构筑物、敷设管线、架设电线、挖坑取土、采石取砂、淹渍或者封死地面、排放烟气、倾倒污水垃圾、堆放或者倾倒易燃易爆或者有毒有害物品等；

（五）刻划、钉钉、在古树名木上缠绕、悬挂物体或者使用树干作支撑物、紧挨树干堆压物品等；

（六）其他损害古树名木的行为。

第二十七条　县级以上人民政府城乡规划主管部门制定城乡建设控制性详细规划时，应当在古树名木周围划出建设控制地带，保护古树名木的生长环境和风貌。

建设工程施工影响古树名木正常生长的，建设单位应当采取避让措施；无法避让的，建设单位应当在施工前制定保护方案并组织实施，按照古树名木保护级别报相应的古树名木主管部门备案。古树名木主管部门可以根据古树名木保护的需要，向建设单位提出相应的保护要求，并加强监督检查。

第二十八条　禁止移植古树名木，但有下列情形之一的除外：

（一）原生长环境已不适宜古树名木继续生长，可能导致古树名木死亡的；

（二）国家和自治区重点建设工程项目、大型基础设施建设项目无法避让或者进行有效保护的；

（三）有科学研究等特殊需要的；

（四）古树名木的生长状况对公众生命、财产安全可能造成危害，且采取防护措施后仍无法消除危害的。

第二十九条 申请移植古树名木应当提交下列材料：

（一）移植申请书，包括树种、编号、树龄、保护级别、移出地、移入地、移植理由等内容；

（二）移植方案，包括移植地点、时间、必要的移植技术和养护措施等内容；

（三）符合本条例第二十八条规定情形的其他材料。

第三十条 移植古树名木，按照下列规定向古树名木主管部门提出申请：

（一）移植特级、一级保护的古树和名木的，向自治区人民政府古树名木主管部门提出申请，经其审查同意后，报自治区人民政府批准；

（二）移植二级、三级保护的古树的，向设区的市人民政府古树名木主管部门提出申请，经其审查同意后，报设区的市人民政府批准。

第三十一条 设区的市以上人民政府古树名木主管部门在提出审查意见前，应当就移植的必要性和移植方案的可行性组织召开专家论证会或者听证会，听取有关单位和个人的意见，并到现场调查核实，公示移植原因，接受公众监督。

古树名木主管部门应当自受理古树名木移植申请之日起二十个工作日内提出审查意见，对符合移植条件的，按照本条例第三十条的规定报请批准；对不符合移植条件的，应当书面告知申请人并说明理由。

第三十二条 经批准移植的古树名木，应当按照批准的移植方案和移植地点实施移植；移植后五年内的养护，由移植申请单位负责，并承担移植和养护费用。

移植后，所在地县级人民政府古树名木主管部门应当及时更新古树名木图文档案，并及时上报上级主管部门。移出地和移入地古树名木主管部门应当办理移植登记，变更养护责任人。

第三十三条 古树名木的生长状况对公众生命、财产安全可能造成危害的，按照古树名木的保护级别，由相应的古树名木主管部门采取防护措施。采取防护措施后仍无法消除危害的，可以采取修剪、移植等处理措施。

第三十四条 县级以上人民政府古树名木主管部门应当制定预防重大灾害损害古树名木的应急预案，在重大灾害发生时，及时启动应急预案，组织采取相应措施。

第三十五条 古树名木死亡的，养护责任人应当及时报告所在地县级人民政府古树名木主管部门。古树名木主管部门应当自接到报告之日起十个工作日内组织专业技术人员进行确认，查明原因和责任后注销档案，并报同级人民政府备案。

具有重要历史、文化、景观、科研等特殊价值或者重要纪念意义的古树名木死亡，经古树名木主管部门确认后，可以由有关管理单位采取措施消除安全隐患后保留原貌，继续加以保护。

任何单位和个人不得擅自处理未经古树名木主管部门确认死亡并注销档案的古树名木。

第三十六条 县级以上人民政府古树名木主管部门应当建立举报制度，公布举报电话号码、通信地址或者电子邮件信箱，及时受理公民、法人和其他组织对损害古树名木行为的检举，并依法查处；对不属于本部门职责范围的，应当及时移交相关部门依法查处。

第五章 法律责任

第三十七条 违反本条例规定，法律、行政法规已有法律责任规定的，从其规定。

第三十八条 违反本条例第二十五条第三款规定，擅自移动或者损毁古树名木保护牌、保护设施的，由县级以上人民政府古树名木主管部门责令停止违法行为、限期恢复原状；逾期不恢复原状的，处五百元以上一千元以下罚款；造成损失的，依法承担赔偿责任。

第三十九条 违反本条例第二十六条第一项、第二项规定，砍伐或者擅自移植古树名木的，由县级以上人民政府古树名木主管部门责令停止违法行为，没收违法砍伐或者移植的古树名木和违法所得，并按照下列规定处以罚款：

（一）砍伐特级保护的古树的，每株处三十万元以上五十万元以下罚款；砍伐一级保护的古树或者名木的，每株处二十万元以上三十万元以下罚款；砍伐二级保护的古树的，每株处十万元以上二十万元以下罚款；砍伐三级保护的古树的，每株处五万元以上十万元以下罚款。

（二）擅自移植特级保护的古树的，每株处十万元以上二十万元以下罚款；擅自移植一级保护的古树或者名木的，每株处五万元以上十万元以下罚款；擅自移植二级保护的古树的，每株处三万元以上五万元以下罚款；擅自移植三级保护的古树的，每株处一万元以上三万元以下罚款。

擅自移植古树名木，造成古树名木死亡的，依照前款第一项规定处罚。

第四十条 违反本条例第二十六条第三项至第五项规定，有下列行为之一的，由县级以上人民政府古树名木主管部门给予警告，责令停止侵害、限期恢复原状，并根据古树名木保护级别等按照下列规定处以罚款：

（一）剥损树皮、掘根、向古树名木灌注有毒有害物质的，处五千元以上五万元以下罚款；

（二）在古树名木树冠垂直投影向外五米范围内修建建筑物或者构筑物的，处二千元以上二万元以下罚款；

（三）在古树名木树冠垂直投影向外五米范围内敷设管线、架设电线、淹渍或者封死地面的，处五百元以上五千元以下罚款；

（四）刻划、钉钉的，处五百元以上一千元以下罚款。

违反本条例第二十六条第四项规定，在古树名木树冠垂直投影向外五米范围内挖坑取土、采石取砂、排放烟气、倾倒污水垃圾、堆放或者倾倒易燃易爆或者有毒有害物品等的，由县级以上人民政府古树名木主管部门给予警告，责令停止侵害、限期恢复原状；逾期不改的，根据古树名木保护级别等处五百元以上五千元以下罚款。

违反本条例第二十六条第五项、第六项规定，在古树名木上缠绕、悬挂物体或者使用树干作支撑物、紧挨树干堆压物品，或者有其他损害古树名木的行为的，由县级以上人民政府古树名木主管部门给予警告，责令停止侵害、限期恢复原状；逾期不改的，根据古树名木保护级别等处五百元以上一千元以下罚款。

违反本条例第二十六条第三项至第六项规定，造成古树名木死亡的，依照本条例第三十九条第一款第一项规定处罚。

第四十一条　违反本条例第二十七条第二款规定，建设单位未采取避让或者保护措施的，由县级以上人民政府古树名木主管部门责令限期改正，并根据古树名木保护级别等处一万元以上三万元以下罚款；造成古树名木死亡的，依照本条例第三十九条第一款第一项规定处罚。

第四十二条　违反本条例第三十二条第一款规定，不按照批准的移植方案和移植地点实施移植的，由县级以上人民政府古树名木主管部门责令限期改正；逾期不改的，根据古树名木保护级别等处一万元以上三万元以下罚款；造成古树名木死亡的，依照本条例第三十九条第一款第一项规定处罚。

第四十三条　违反本条例第三十五条第三款规定，未经古树名木主管部门确认并注销档案，擅自处理死亡的古树名木的，没收违法所得，并处违法所得三倍以上五倍以下罚款；没有违法所得的，根据古树名木保护级别等每株处二千元以上一万元以下罚款。

第四十四条　县级以上人民政府古树名木主管部门和相关主管部门及其工作人员违反本条例规定，有下列情形之一的，由所在单位或者上级主管部门对直接负责的主管人员和其他直接责任人员依法给予行政处分：

（一）违反规定认定古树名木的；

（二）未依法履行古树名木保护与监督管理职责的；

（三）违反规定批准移植古树名木的；

（四）有其他滥用职权、徇私舞弊、玩忽职守行为的。

第四十五条　违反本条例规定的行为，应当给予治安管理处罚的，由公安机关依法处理；构成犯罪的，依法追究刑事责任；造成古树名木损伤或者死亡的，依法承担赔偿责任。

第六章　附则

第四十六条　本条例自2017年6月1日起施行。

《古树名木保护技术规范》（DB45/T 2310—2021）①

前　言

本文件按照GB/T 1.1—2020《标准化工作导则　第1部分：标准化文件的结构和起草规则》的规定起草。

本文件由广西壮族自治区林业局提出、归口并宣贯。

本文件起草单位：广西壮族自治区林业科学研究院。

本文件主要起草人：尹国平、林建勇、梁瑞龙、蒋焱、李娟、欧汉彪、韦铄星、黄荣林、刘菲、姜英、刘雄盛、何应会、戴菱。

古树名木保护技术规范

1　范围

本文件规定了古树名木保护的基本原则、调查评估、树体保护、生长环境保护、主要灾害防范及档案管理。

本文件适用于广西境内的古树名木保护。

2　规范性引用文件

下列文件中的内容通过文中的规范性引用而构成本文件必不可少的条款。其中，注日期的引用文件，仅该日期对应的版本适用于本文件；不注日期的引用文件，其最新版本（包括所有的修改单）适用于本文件。

GB/T 51168　城市古树名木养护和复壮工程技术规范

LY/T 2738　古树名木普查技术规范

3　术语和定义

下列术语和定义适用于本文件。

3.1　古树　old tree

树龄在100　年以上的树木。

3.2　准古树　quasi old tree

树龄在80～99年的树木。

3.3　名木 notable tree

具有重要历史、文化、观赏与科学价值或具有重要纪念意义的树木。名木不受树龄限制，不分级。

① DB45/T 2310—2021，由广西壮族自治区高场监督管理局于2021年4月25日发布并实施。

3.4 树冠投影面 crown projection

树冠的最外缘形成的闭合环向地面的垂直投影。

3.5 古树名木生长保护范围 conservation spots of old and notable trees

单株的生长保护范围指树冠垂直投影外延5m范围内，群株的生长保护范围指边缘树木树冠外侧垂直投影外延5m连线范围内。

4 基本原则

4.1 一般原则

古树名木保护应遵循以下原则：

——属地管理，政府主导，社会参与；

——因地制宜，因树施策，分级保护；

——加强宣传，预防为主，积极救治；

——专业保护与公众保护相结合。

4.2 分级保护

不同级别的古树实行分级保护、高保护级别优先进行保护的原则。保护级别划分如下：

——树龄在1000年以上的特级古树，实行特级保护；

——树龄在500年以上，不满1000年的一级古树，实行一级保护；

——树龄在300年以上，不满500年的二级古树，实行二级保护；

——树龄在100年以上，不满300年的三级古树，实行三级保护；

——名木实行一级保护；

——准古树实行三级保护；

5 检查评估

5.1 检查方式

5.1.1 定期检查

县级以上人民政府古树名木主管部门应按以下要求检查：

——特级保护的古树，至少每三个月检查一次；

——一级保护的古树和名木，至少每半年检查一次；

——二级、三级保护的古树和准古树，至少每年检查一次。

5.1.2 临时检查

突发自然灾害或人为因素影响古树名木正常生长，或存在安全隐患的，应及时组织人员进行检查，了解树木状况。

5.2 检查内容与评估

5.2.1 生长势

检查古树名木的生长情况，生长势分为正常株、衰弱株、濒危株、死亡株4级，分级应符合LY/T 2738的规定。

5.2.2 环境状况

检查土壤、空气、水文、光照、生长空间等环境条件，分析评估影响树木正常生长的障碍性因子。

5.2.3 有害生物

检查有害生物种类、数量、发生时间、危害程度，分析评估其危害情况。

5.2.4 管护情况

查阅档案、走访询问与实地调查相结合，了解管护情况。

6 树体保护

6.1 一般要求

6.1.1 树木皮层或木质部腐朽腐烂，造成枝、干形成空洞或轮廓缺失时，应先做防腐处理，再结合景观要求，在树木休眠期、天气干燥时进行填充修补。

6.1.2 容易造成积水的树洞宜在适当位置设导流管(孔)将树液、雨水、凝结水等排出；树洞较大或主干缺损较多、影响树体稳定的，填充封堵前可做金属龙骨，加固树体。

6.1.3 树干倾斜角度大于20°、有劈裂或树冠大、树叶密集、主枝中空、易遭风折等安全隐患的，应采用硬支撑、软支撑等方法加固，加固设施与树体接触处应加弹性垫层。

6.1.4 所有材料应经防腐蚀保护处理。

6.2 保护牌

6.2.1 类型

6.2.1.1 碑牌

6.2.1.1.1 适用范围

特级古树、古树群和有条件的旅游区、风景名胜区等重要区域的一级古树及名木。

6.2.1.1.2 材质

采用天然石材或人工塑石。

6.2.1.1.3 放置方式

6.2.1.1.3.1 斜碑

碑面倾斜放置，碑座高500mm，碑面长600mm，宽400mm。

6.2.1.1.3.2 立碑

碑面正立放置，碑座高150mm，碑面长600mm，宽400mm。

6.2.1.1.3.3 景观石

长1500mm，宽900mm，下部宜用水泥固定支撑。

6.2.1.2 挂牌

6.2.1.2.1 适用范围

所有古树名木和准古树。

6.2.1.2.2 颜色

挂牌的底色如下：

——特级古树采用红色(RGB值：204,0,1)；

——一级古树及名木采用橙色(RGB值：179,88,5)；

——二级古树采用靛蓝色(RGB值：4,112,148);
——三级古树采用蓝色(RGB值：4,23,224);
——准古树采用绿色(RGB值：3,133,45)。

6.2.1.2.3 材质

挂牌采用铝材，绑带采用不锈钢弹簧。

6.2.1.2.4 尺寸

长400mm,宽300mm。

6.2.1.2.5 悬挂位置

挂牌采用不锈钢弹簧横向环绕固定在树干上，牌中心位置距地面1.6～1.8m。

6.2.2 内容

6.2.2.1 正面

碑牌(含景观石)及挂牌正面内容一致，包括种名、编号(17位数字编号)、拉丁学名、别名、科属、保护等级、树龄、二维码、法规条款、保护单位落款(设区市人民政府或县人民政府)、挂牌日期、责任单位联系电话等。

6.2.2.2 背面

挂牌背面无内容，碑牌(含景观石)背面为《广西壮族自治区古树名木保护条例》摘录条款和“破坏古树名木按情节轻重依法追究行政及刑事责任”等内容。

6.3 伤口与树洞修复

6.3.1 伤口处理

6.3.1.1 小伤口

因机械损伤、有害生物、冻害、日灼等造成的伤口面积小于25cm^{2}的，应先清理和刮净伤口，喷洒2%～5%硫酸铜溶液或涂抹石硫合剂原液进行伤口消毒处理。待伤口干燥后，再涂抹专用的伤口涂封剂或紫胶漆。小伤口过密的创伤面应按大伤口处理。

6.3.1.2 大伤口

伤口面积超过25cm^{2}的，用刀刮净伤口并削平伤口四周，再涂生长素，促进新皮生长。

6.3.2 树洞处理

6.3.2.1 腐木清除

因腐烂、衰老产生的树洞在填充前应除尽树体上的腐木，并清除洞中的腐朽木质碎屑等杂物，清理后的洞口应顺滑，洞壁达自然干燥状态。

6.3.2.2 防腐

使用杀虫剂和杀菌剂对洞壁裸露的木质层进行处理，可喷施2%～5%硫酸铜溶液、涂抹石硫合剂原液或多菌灵等消毒剂，待风干后涂上桐油等防腐剂。

6.3.2.3 填充

6.3.2.3.1 小树洞

树洞直径小于10cm的，使用木炭或水泥石块或聚氨酯泡沫等低温发泡剂填充，封口应平整、严密，并低于形成层。

6.3.2.3.2 大树洞

树洞直径大于10cm、小于30cm的，宜先填充经消毒、干燥处理的同类树种或其他硬木木条，木条间隙再填充发泡剂。

6.3.2.3.3 特大树洞

树洞直径大于30cm的，宜先用钢筋做稳固支撑龙骨，外罩铁丝网造型，最后再填充。

6.3.3 洞口修补

应使用铁丝网、无纺布封堵洞口，无纺布上涂一层防水胶，选用干燥硬质木料制作成原树干外形，与无纺布粘牢。粘接时应为封缝和树皮仿真预留适当空间。封缝时应在洞口周边涂生物胶，使木质部与造型洞壁材料密封。

6.3.4 树皮仿真

可用水泥、硅胶、颜料按一定比例拌匀至与树皮颜色相近后，涂于洞口表层，在涂抹材料上仿造树皮刻画纹理。真假树皮结合部位、树皮接缝处应平顺，无褶皱，假树皮纹理与真树皮相似。

6.4 支撑与加固

6.4.1 支撑

6.4.1.1 硬支撑

对树干严重中空、树体明显倾斜或易遭风折的古树名木，应采用硬支撑加固。支撑柱的造型和材质设计应考虑古树的景观需求，符合古树名木的整体造景需要。方法如下：

（a）选用直径为100～150mm的镀锌管或铁管作支撑柱，需支撑树体较大时可用砖块和水泥砌筑支撑柱。支撑柱表面应涂一层颜色与周围环境相协调的防锈漆。托板宜选用钢质板并做成U型，涂上防锈漆；

（b）在需支撑的树干、树枝及地面选择受力稳固、支撑效果好的点作为支撑点。在地面支撑点用水泥浇筑基座；

（c）支撑柱顶端托板与树体支撑点接触面加垫具有弹性的橡胶垫，支柱下端固定在基座上；

（d）每年应定期检查支撑设施，当托板影响树木生长时应及时调整或更换。

6.4.1.2 软支撑

对树体倾斜，但树干无中空、树体较小的古树名木，应采用软支撑加固。方法如下：

（a）应选用钢丝绳、托板、橡胶垫等作软支撑材料；

（b）在被拉枝干和固定物上选准牵引点，两点牵引线与补拉枝干的夹角应在70°～90°；

（c）在牵引点上安装托板和橡胶垫，用直径为8～12mm的钢丝绳系在两端托板金属环上，一端装有紧线器，接头用绳卡固定。通过紧线器调节钢丝绳松紧度，使被拉枝干可轻微摇动；

（d）每年应定期检查支撑设施，随着树木的生长，应适当调节托板和钢丝松紧度。

6.4.1.3 引根支撑

对榕树类气生根发达的古树名木，根据稳固树体和枝干的需要，在树木枝干的适当位置，使用直径15～20cm的塑料管填装细砂土、椰糠等基质，适时将气生根引向地下生长，塑料管与插入地面的竹杆或钢筋捆绑固定。经3年以上待气生根生长成为较稳固的支柱根，方可拆除塑料管，同时应预防人畜危害，利用根系逐渐长大起到支撑防护作用。引根点数量视支撑和景观需要而定。

6.4.2 加固

6.4.2.1 铁箍

在枝干劈裂处用涂有防锈漆的两个半圆扁铁箍固定，铁箍与树体间垫橡胶垫，铁箍数量视需要而定。

6.4.2.2 螺纹杆

加固前，先在劈裂处的打孔位打比螺纹杆径大10mm的孔，螺纹杆间距宜为0.5～0.8m，每杆孔位应适当错开不在一条直线上。打孔位和劈裂伤口应消毒，并涂抹保护剂。伤口处理后，用直径10～20mm的螺纹杆穿过树体，两头垫胶圈，拧紧螺母，将树木裂缝封闭。

6.4.2.3 检查

每年应对加固设施进行检查，发现问题及时处理。

6.5 根系保护

应对古树裸露的根系进行保护，方法如下：

——生长于平缓处的树木，裸露地表的根系应覆土、打护桩、砌树围、设隔离栏等；

——生长于坡地且有根系裸露、水土流失现象的树木，应砌石墙护坡，填土护根。护墙高度、长度及走向依地势而定；

——生长于河道、水系旁的树木，应根据周边环境用石驳、木桩等进行护岸加固和填土。

6.6 围栏

在人畜活动多的地方，应在树干四周设置保护围栏。可选用石质、木质、不锈钢、铁质等材料并做防腐、防锈处理。围栏宜设置在树冠垂直投影外延5m范围以外，特殊地段与树干距离应不小于2m，高度应不低于1.2m。围栏的式样应与树木的景观周边相协调。

6.7 安全隐患树木处理

6.7.1 安全隐患评估

当出现下列情况之一，古树名木应判定存在安全隐患：

——树体腐朽且形成树洞的树木；

——树体受外力影响导致树干倾斜角度大于20° 的树木；

——树体损伤导致枝干不坚固的树木。

6.7.2 一般处理

按照GB/T51168的要求执行。存在安全隐患的树木或枯死枝干，及时进行枝干整修、树体支撑、截断、加固、填充、封堵树洞、引根支撑等，并对树体外伤进行消毒、防腐处理。

6.7.3 枯死主干处理

处理措施如下：

——无法支护、有倾覆危险的树木，主干可截除；

——有纪念意义、特别观赏价值的，或木质坚硬、根深、不易倾倒的枯死树木，可采取防腐固化、支撑加固、整枝修饰等措施予以保留；或旁植藤类缠绕于上，形成有一定观赏价值的桩景；

——萌蘖能力强的树种，若地上部分死亡但根颈处萌发健壮根蘖，可对无法抢救的树木主干截除，由根蘖进行更新。

7 生长环境保护

7.1 建筑物拆除

拆除树木周边影响其正常生长的违章建筑和设施；属于历史遗留无法拆除的建筑物和构筑物，改造时应留足保护范围，为树木生长提供充足光照和生长空间。

7.2 硬化地面清除

清除影响树木正常生长的硬化地面，或改用透水砖进行铺装。全封闭的硬化地面离树根应在古树名木树冠垂直投影外延5m范围以外。受道路和房屋等限制的特殊地段离树根应不小于0.5m。

7.3 污染物和杂物清除

在古树名木根系分布范围内，应控制污染源，保持环境卫生。不应设置临时厕所和排放污水的渗沟，不应堆放污染古树根系土壤的物品，如粪尿、垃圾、废料、撒过盐的雪水或污水等。

7.4 堆土清除

主干被深埋的树木，应清除树干周围的堆土，露出根茎结合部。

7.5 透气铺装

树干外需进行地面铺装时，应选用通气透水性好的材料铺装。铺装时应先平整地形，然后在熟土上加砂垫层，砂垫层上铺设材料，缝隙宜用细砂填充。

7.6 林下植被整治

应符合以下要求：

——灌木植物整治可保留争夺土壤养分、水分少，对古树名木生长影响较小，且生长正常的植株，其他应清除；

——根系发达，争夺土壤水肥能力强的竹类和大型草本植物应清除，其他草本植物应保留；

——城市和乡村内古树名木的林下可补植相生或竞争能力弱且观赏效果好的草本植物或小型灌木植物。

8 主要灾害防范

8.1 雷电

应符合以下要求：

——雷电频繁地区、人员密集场所、较为潮湿区域及空旷处或树体高大的树木应重点防范；

——防雷设计时应充分考虑树木的高生长因素，防雷装置保护范围应留有保护余量；

——树体低于周围建筑物、经计算已处于保护范围的，可不在树木上单独安装防雷装置；

——雷击事故发生后，应及时保护处理树木损伤部位，并报告古树名木管理部门和防雷主管部门，调查分析灾害发生原因，评估损失，提出整改措施。

8.2 风灾

根据气象预报和树木存在的安全隐患情况，采取硬支撑、软支撑、加固等措施。对倾斜、断裂、倒伏的树木，应及时处理和维护。

8.3 火灾

8.3.1 防范措施

加强防火宣传，设置防火标识，做好树体防护，及时清理周围易燃物，降低火灾发生率。

8.3.2 火灾处理

树体着火时，及时扑灭明火。对主干内腔着火的树木，采取密封主干、树洞灌水或主干钻孔注水等方法灭火。

8.4 低温

防范措施如下：

——采取树干涂白和树体包裹保温对树体进行防寒防冻。宜使用生石灰、石硫合剂、食盐和水配成石灰浆涂刷树木主干。宜采用草绳或厚棉布等包裹树体；

——如遇大雪或冰挂，应及时摇落树上积雪、冰挂；

——加强灾后管理，对于完全折断的枝干，应及时锯断削平伤口，并对伤口防腐处理；

——撕裂未断的枝干，不宜立即清除，宜先用绳索吊起或支柱撑起，恢复原状，受伤处涂接蜡等并绑牢；

——受冻树体应及时清除枯枝，防范有害生物危害。

9 档案管理

按照一树一档原则，建立纸质、电子文档两套相同的技术档案，及时整理归档、妥善保管。档案内容及相关表格见附录A。

附录A

（规范性）

古树名木主要技术档案

表A.1、表A.2和表A.3分别给出了古树名木主要技术档案的记录内容与表格格式。

表A.1 古树名木每木调查表

广西壮族自治区＿＿＿＿＿＿＿＿市＿＿＿＿＿＿＿＿县(市、县、区)

<table>
<tr><td>古树编号</td><td></td><td>调查号：</td><td></td><td>原挂牌号：</td><td></td></tr>
<tr><td rowspan="2">树种</td><td colspan="5">中文名：　　别名：</td></tr>
<tr><td colspan="5">拉丁名：　　科：　　属：</td></tr>
<tr><td rowspan="4">位置</td><td colspan="5">乡镇(街道)：　　村(居委会)：　　小地名：</td></tr>
<tr><td colspan="5">生长场所：①远郊野外 ②乡村街道 ③城区 ④历史文化街区 ⑤风景名胜古迹区</td></tr>
<tr><td colspan="2">纬度：</td><td colspan="3">经度：</td></tr>
<tr><td colspan="2">是否属于古树群：是　否</td><td colspan="3">古树群编号：</td></tr>
<tr><td>特点</td><td colspan="2">①散生　②群状</td><td>权属</td><td colspan="2">①国有 ②集体 ③个人 ④其他</td></tr>
<tr><td>名木类别</td><td colspan="2">①纪念树 ②友谊树 ③珍贵树</td><td colspan="2">栽植人：</td><td>栽植时间：</td></tr>
<tr><td>特征代码</td><td colspan="5"></td></tr>
<tr><td>树龄</td><td colspan="2">真实树龄：　年</td><td colspan="3">估测树龄：　年</td></tr>
<tr><td>古树等级</td><td colspan="2">①一级 ②二级 ③三级 ④准古树</td><td colspan="2">树高：　米</td><td>胸径：　厘米</td></tr>
<tr><td>冠幅</td><td colspan="2">平均：　米</td><td colspan="2">东西：　米</td><td>南北：　米</td></tr>
<tr><td>立地条件</td><td>海拔：</td><td>坡向：</td><td>坡度：　度</td><td>坡位：</td><td>土壤名称：</td></tr>
<tr><td>生长势</td><td colspan="2">①正常株②衰弱株③濒危株 ④死亡株</td><td colspan="2">生长环境</td><td>①良好 ②差 ③极差</td></tr>
<tr><td>影响生长环境因素</td><td colspan="5"></td></tr>
<tr><td>现存状态</td><td colspan="5">①正常　②移植　③伤残　④新增</td></tr>
<tr><td>古树历史(限300字)</td><td colspan="5"></td></tr>
<tr><td>管护单位</td><td colspan="2"></td><td>管护人</td><td colspan="2"></td></tr>
<tr><td>树木特殊状况描述</td><td colspan="5"></td></tr>
<tr><td>树种鉴定记载</td><td colspan="5"></td></tr>
<tr><td>地上保护现状</td><td colspan="5">①护栏 ②支撑 ③封堵树洞 ④砌树池 ⑤包树箍 ⑥树池透气铺装 ⑦其他 ⑧无</td></tr>
<tr><td>养护复壮现状</td><td colspan="5">①复壮沟 ②渗井 ③通气管 ④幼树靠接 ⑤土壤改良 ⑥叶面施肥 ⑦其他 ⑧无</td></tr>
<tr><td>照片及说明</td><td colspan="5"></td></tr>
</table>

调查人：　　　　年　月　日　审核人：　　　　年　月　日

表A.2　古树名木调查评估记录表

（正面）

管护责任单位		调查人		调查日期	
古树名木编号			树种		
古树级别		树高(m)		胸径(主蔓长)(cm)	
生长地点					
生长势	①正常　②衰弱　③濒危　④死亡				
生长状况描述					
保护范围内地上环境描述					
保护范围内地下保护描述					
有害生物危害状况描述					
以往管护状况描述					
初步评估分析					
保护建议					
备注	（附照片，粘贴于本表背面）				

表A.3 古树名木调查和评估记录表

(背面)

<table>
<tr><td colspan="4">评估情况</td></tr>
<tr><td>申请评估单位</td><td colspan="3"></td></tr>
<tr><td>联系人</td><td></td><td>联系电话</td><td></td></tr>
<tr><td>评估组织者</td><td colspan="3"></td></tr>
<tr><td>评估内容</td><td colspan="3"></td></tr>
<tr><td>评估意见：</td><td colspan="3"></td></tr>
<tr><td rowspan="2">专家签名
（填写单位和姓名）</td><td></td><td></td><td></td></tr>
<tr><td></td><td></td><td></td></tr>
</table>

《古树名木养护管理技术规程》(DB45/T 2308—2021)[1]

前 言

本文件按照GB/T 1.1—2020《标准化工作导则 第1部分：标准化文件的结构和起草规则》的规定起草。

本文件由广西壮族自治区林业局提出、归口并宣贯。

本文件起草单位：广西壮族自治区林业科学研究院。

本文件起草人：尹国平、林建勇、梁瑞龙、蒋焱、李娟、欧汉彪、韦铄星、黄荣林、刘菲、姜英、刘雄盛、何应会、戴菱。

古树名木养护管理技术规程

1 范围

本文件规定了古树名木养护管理的树体养护与复壮、生长环境改良、病虫害防治及管理措施。

本文件适用于广西境内古树名木的日常养护和管理。

2 规范性引用文件

下列文件中的内容通过文中的规范性引用而构成本文件必不可少的条款。其中，注日期的引用文件，仅该日期对应的版本适用于本文件；不注日期的引用文件，其最新版本(包括所有的修改单)适用于本文件。

LY/T 2738 古树名木普查技术规范

DB45/T 2310 古树名木保护技术规范

3 术语和定义

下列术语和定义适用于本文件。

3.1 古树 old tree

树龄在100年以上的树木。

3.2 准古树 quasi old tree

树龄在80～99年的树木。

3.3 名木 notable tree

具有重要历史、文化、观赏与科学价值或具有重要纪念意义的树木。名木不受树龄限制，不分级。

[1] DB45/T 2308—2021，由广西壮族自治区高场监督管理局于2021年4月25日发布并实施。

3.4 养护 maintenance

对古树名木及其周围环境所采取的经常性保养、维护技术措施。

3.5 复壮 rejuvenation

对衰弱株和濒危株的古树名木所采取的逐渐恢复生长势的工程措施。

3.6 古树名木生长保护范围 conservation spots of old and notable trees

单株是树冠垂直投影外延5m范围，群株是边缘树木树冠外侧垂直投影外延5m连线范围。

4 基本原则

4.1 实行分级管理，高保护级别优先进行养护的原则。保护级别按照DB45/T 2310的要求划分。

4.2 同保护级别的古树名木根据生长势实行分级管理。生长势分为正常株、衰弱株、濒危株、死亡株4级，按照LY/T 2738的要求分级。濒危株优先进行养护复壮，衰弱株次之。

4.3 应以养护为主，复壮在养护的基础上进行。

4.4 养护复壮应根据树木实际生长环境和生长势采用不同的方法，因树、因地制宜。

4.5 养护可采用补水与排水、有害生物防治、树冠整理、地上环境整治和树体预防保护等措施。衰弱株、濒危株和存在安全隐患的古树名木应进行复壮，可采用土壤改良、施肥、树体损伤处理、树洞修补和树体加固等措施。

5 树体养护与复壮

5.1 正常树木养护

5.1.1 枝干整修

5.1.1.1 一般原则

应结合通风采光和病虫害防治等需要进行枝干整修，去除枯死枝、断枝、劈裂枝、内膛枝和病虫枝等，不应对正常生长树木的树冠进行重剪。对能体现古树自然风貌且无安全隐患的枯枝应予以保留，并进行防腐和加固处理。

5.1.1.2 整修时间

针叶树枝条整理宜选择休眠期进行，阔叶树宜在落叶后至新梢萌动前进行；易伤流、流胶的树种，应避开生长季节和落叶后伤流盛期；有安全隐患的枯死枝、断枝、劈裂枝、病虫枝等应在发现后及时整理。

5.1.1.3 整修方法

5.1.1.3.1 对枯死枝或病虫枝，应靠近主干或枝干处整枝截除。对树冠外围衰老枯梢枝条，截去枯梢。

5.1.1.3.2 折断残留的枝杈上若尚有活枝，应在距断口20～30cm处修剪；若无活枝，应在保留树形的基础上，按5.1.2的方法对伤口进行处理。

5.1.2 创伤面处理

所有锯口、劈裂或撕裂伤口，应先平整创伤面，再均匀涂抹5%硫酸铜、季铵铜等消毒液进行消毒，待消毒液风干后再均匀涂抹羊毛脂混合物等伤口保护剂或愈合敷料。

5.1.3 保护设施维护

定期检查树木支撑、加固、牵引、围栏等保护设施，做好润滑、防腐、维修等工作。对影响、限制树木正常生长的托板、铁箍等应及时调整或更换。

5.2 衰弱和濒危树木复壮

5.2.1 防寒防晒

衰弱株和濒危株的古树名木，入冬前应及时采取设风障、主干缠麻、包扎稻草等防寒措施；高温天气，可在树木主干西晒侧捆绑草绳、无纺布等材料或遮阴、涂白、喷水。

5.2.2 幼树桥接

衰弱株和濒危株的古树名木，可在其周围种植2~3株同种幼树。待幼树生长高度达到要求后，采用桥接等方法将幼树枝条嫁接于古树名木枝干上，待接口完全愈合后，切断幼树接口以上茎干，保留接口以下的幼树茎干培育古树新的根系，改善古树名木体内水分和营养状况，恢复树势。

5.2.3 输液复壮

濒危株的古树名木可根据树木生长势、胸径采取输液复壮，方法如下：

（a）选择树体输导组织正常的部位确定输液孔位及数量，孔位应上下错开，在孔位处斜下方打孔，角度宜与树干成45°,孔径适宜针头进入，深度至活木质部；

（b）树干输液应选用含有多糖、氨基酸、微量元素、氮磷钾、生物酶、植物激素等成分的营养液。输液次数应以达到叶片基本恢复正常为宜；

（c）针头插入后，针口周围应涂伤口愈合剂。输液结束后应及时拔出针管，对针孔周围进行消毒，并用同种树木的锥形木塞封堵伤口，再涂上伤口愈合剂。

6 生长环境改良

6.1 水分管理

6.1.1 浇水

6.1.1.1 树木生长季节，如遇干旱影响树木正常生长时，应根据古树名木生长状况及立地条件适时适量浇水。浇水面积应不小于树冠投影面积，浇足浇透，湿透土壤的深度在60cm以上。

6.1.1.2 遇有土壤密实板结、不透气硬质铺装等情况时，应先改土和改成透气铺装后再浇水。

6.1.1.3 不应使用未通过无毒害检验的再生水。

6.1.2 防洪排涝

6.1.2.1 古树名木保护范围内应确保土壤排水透气良好。对长期排水不良的，应挖深1～3m的排水沟，下层填以卵石，中层填以碎石和粗砂，再盖上无纺布，上面掺细砂和园土填平。

6.1.2.2 因人为或自然因素造成临时积水的，应设置排水沟，无法沟排的应设置排水井，使用抽水机排水。排水沟宽、深和密度应视排水量和根系分布情况确定，做到排得走、不伤根。排水沟宜宽20～50cm，深20～100cm。积水消除后应将土壤回填排水沟。

6.2 土壤管理

6.2.1 覆土

对根系裸露的树木采取直接覆土或砌树堰加覆土措施保护根系，土壤宜用团粒结构良好的壤土、塘泥等。

6.2.2 松土

根据树木生长状况，深翻树冠投影范围或树堰内土壤25～30cm,不伤及根系。对树木根部或周围被污染的土壤，应进行土壤消毒或换土。

6.2.3 挖沟复壮

6.2.3.1 衰弱株的复壮沟位置在树冠投影外围，濒危株的复壮沟在树冠二分之一处，复壮沟沿根系延伸方向挖掘。

6.2.3.2 复壮沟深80～120cm、宽60～80cm。数量、长度与形状依树木生长情况和周围环境确定。

6.2.3.3 沟内根据土壤状况和树种特性填充复壮基质，基质配制与填充方法参见附录A。

6.2.3.4 生长于地势低洼或地面硬化面积较大处的树木，应在复壮沟末端设深1.2～1.5m、直径1.2m的渗水井，井内壁用砖垒砌而成，不夹水泥浆、不勾缝。井口加盖。

6.2.4 通气管埋设

通气管埋设宜与挖复壮沟结合进行，垂直埋于复壮沟两端，也可在树冠投影外侧单独打孔埋设，管口高出地面10～20cm。通气管直径10～15cm，长80～120cm，可用打孔硬塑料管、塑笼外包无纺布或棕皮制成，管口加带孔的盖子。

6.2.5 地面打孔与挖穴

根据地面通气性情况，可在树冠投影范围内均匀布点钻孔4～6个或挖穴2～3个。孔直径10～12cm，深80～120cm，孔内填充混沙草炭土和腐熟有机肥；穴直径50～60cm,深80～120cm，穴内用中空透水砖垒通气孔，周围填充掺入有机质、腐熟有机肥的沙土。使用通气且透水性好的材料遮盖孔口、穴口。

6.2.6 土壤改良

被污染的土壤，应及时清除污染源和被污染的土壤，并采取换土、施肥等措施改良土壤。

6.3 施肥

6.3.1 原则

施肥应根据树木实际生长环境和生长状况采用不同的施肥方法，结合复壮沟和地面打孔、挖穴等措施，进行适量施肥，保持土壤养分平衡。以有机肥为主，无机肥为辅，有机肥应充分腐熟，有条件时可施用生物肥料。施肥位置应每年轮换，有条件的可开展测土配方施肥。

6.3.2 施肥位置

衰弱株施肥位置在树冠投影外围，濒危株的施肥位置在树冠二分之一处。

6.3.3 方法

土壤施肥根据古树名木的生长势或实际情况确定施肥次数，每次在树冠投影外围挖取施肥沟或施肥穴4～10处。施肥量应根据树种、树木生长势、土壤状况确定。施肥沟尺寸宜为长0.8～1m、宽0.3～0.4m、深0.4～0.5m，施肥穴尺寸宜为长0.3～0.4m、宽0.3～0.4m、深0.4～0.5m。

6.4 污染物和杂物清除

及时清除地面上影响树木正常生长的污染物、垃圾、杂物等，促进树木生长，减少病虫害发生。清除树体上影响树木生长的铁钉、绳索、铁线、通信线缆、电线等杂物。

6.5 有害植物清除

方法如下：

——保护范围内的大型野草、恶性杂草、竹类植物应连根拔除；

——对树木生长有不良影响的附生藤本植物应清除。清除方法以人工移除为主，不易人工移除的大型藤本可从藤条的根部砍断，任其留在树上自然腐烂；

——树上的寄生植物宜采用人工移除或喷施专用除草剂毒杀，人工移除应连同被寄生的枝条一起修剪去除；

——古树名木上附生的蕨类植物可不清除。

6.6 生长空间保护

古树名木生长保护范围不足的，应按要求予以调整。在古树名木生长保护范围内不应出现建房、硬化地面、挖坑取土、动用明火等人为损坏古树名木的行为，已造成破坏的，应恢复原状。影响古树名木生长的建筑物、构筑物、硬化地面和污染源，应及时清除。

7 病虫害防治

7.1 日常调查

日常监测与定期调查相结合，详细记录病虫种类、分布、发生规律和危害程度等。

7.2 预测预报

根据病虫越冬基数调查结果，结合当地气候特点和病虫生物学特性，对病虫害发生期、发生量进行预报。

7.3 防治方法

按附录B的要求进行。

8 管理措施

8.1 检查制度

检查的方式、方法和内容按照DB45/T 2310的要求执行，并按附录C的要求填写《古树名木日常检查记录表》。

8.2 应急预案

管护责任单位(人)应制定防范各类灾害的应急预案，明确责任，建立健全应急响应机制，依据预案及时采取防范措施。

8.3 管护责任

8.3.1 管护单位

古树名木行政主管部门应按属地管理原则，与管护责任单位(人)签订管护责任书，落实管护责任，按附录C中的表C.1的要求做好日常养护管理记录。发现异常情况，及时报告，诊断分析，妥善处理。

8.3.2 管护人

管护责任单位应配备相对固定的、具有相应专业技术和工作经验的管护人员，定期组织业务培训，定期开展专业养护工作。

8.4 档案管理

按照一树一档原则，建立纸质、电子两套相同的技术档案，及时整理归档、妥善保管。档案内容包括年度养护计划、日常养护管理记录、日常检查记录等相关资料。记录表格见附录C。

附录A

（资料性）

复壮基质配制与填充方法

A.1 基质配制

A.1.1 复壮基质宜采用古树名木自身或同种树木或与之邻近树木的自然落叶，取60%熟落叶和40%半腐熟落叶混合，再掺入适量含N、P、K、Fe、Zn等营养元素的肥料配置而成。

A.1.2 阔叶树类古树名木，也可采用草炭土、松针土、珍珠岩蛭石等，加入适量含N、P、K、Fe、Zn等营养元素的肥料配制复壮基质。

A.1.3 复壮沟内可添加适量的同种树木或邻近树种的健康枝条。将枝条截成40cm长的枝段，与复壮基质混埋，枝条与土壤之间有空隙，伸进根系穿插生长。

A.2 填充方法

按以下方法进行：

（a）底层为20cm厚的粗砂；

（b）第二层为10cm厚的树木枝条；

（c）第三层为20cm厚的复壮基质；

（d）第四层为10cm厚的树木枝条；

（e）第五层为20cm厚的复壮基质；

（f）表层覆盖不含杂物、无污染的土壤，并与原土面找平。

附录B

（资料性）

古树名木常见主要病虫害种类及其防治措施

主要病虫害防治方法见表B.1。

表B.1　古树名木常见主要病虫害种类及其防治措施

病虫害类型	常见主要种类	防治措施
叶部病害	主要有叶斑病、叶枯病、锈病、白粉病、松落针病等	发病前可喷石硫合剂等进行预防，发病期可喷施多菌灵、甲基托布津、扑海因、粉锈宁等杀菌剂防治。及时清除病叶、病果，剪除病枝、枯枝，集中烧毁或深埋
枝干病害	主要有腐烂病、溃疡病、枝枯病、丛枝病等	腐烂病、溃疡病、枝枯病等，初春应采取树干涂白或喷涂石硫合剂、波尔多液进行预防；3月下旬，应割除病斑，涂抹树腐灵、腐康生皮宝等杀菌剂，或在发病期多次喷施百菌清、甲基托布津、扑海因等杀菌剂进行防治。丛枝病应采取人工剪除病枝和四环素药物灌根、枝干注射药物等方法防治
根部病害	主要有根腐病、癌肿病等	可根据发病情况适量挖除病根并集中烧毁。发病期内应使用根腐灵等杀菌剂灌根
叶部害虫	主要有蚜虫、叶螨、介壳虫、木虱、网蝽、叶蝉等刺吸类和叶甲、尺蠖、刺蛾、毒蛾、松毛虫等食叶类害虫	幼虫、若虫为害期宜喷用爱福丁、吡虫啉、高渗苯氧威、阿维菌素、灭幼脲等低毒无公害农药；成虫宜采取灯光、黄胶板、性信息素诱杀等方法
枝干害虫	主要有白蚁和鞘翅目的天牛、小蠹、吉丁虫等，鳞翅目的木蠹蛾、透翅蛾、松梢螟等及膜翅目的树蜂等	成虫羽化期，可人工捕杀、饵木和引诱剂诱杀；成虫或幼虫蛀食期，采取树体熏蒸、打孔或虫孔注药等；幼虫期可释放蒲螨、肿腿蜂、花绒坚甲等
地下害虫	主要有鞘翅目的金龟子若虫、鳞翅目的地老虎、直翅目的蝼蛄等	成虫期灯光诱杀；幼虫期根部浇灌高渗苯氧威3000倍液等药物

附录C

（规范性）

古树名木日常养护和检查主要技术档案记录

古树名木日常养护和检查主要技术档案记录见表C.1、表C.2。

表C.1 古树名木日常养护管理记录表

<table>
<tr><td>管护责任单位</td><td colspan="2"></td><td>管护责任人</td><td colspan="2"></td></tr>
<tr><td>古树名木编号</td><td colspan="2"></td><td>树种</td><td colspan="2"></td></tr>
<tr><td>古树级别</td><td></td><td>树高（m）</td><td></td><td>胸径（主蔓长）（cm）</td><td></td></tr>
<tr><td>生长地点</td><td colspan="5"></td></tr>
<tr><td>养护日期</td><td colspan="5">具体养护措施</td></tr>
<tr><td>年 月 日</td><td colspan="5">记录人：</td></tr>
<tr><td>年 月 日</td><td colspan="5">记录人：</td></tr>
<tr><td>年 月 日</td><td colspan="5">记录人：</td></tr>
<tr><td>年 月 日</td><td colspan="5">记录人：</td></tr>
<tr><td>备注</td><td colspan="5"></td></tr>
</table>

表C.2　古树名木日常检查记录表

<table>
<tr><td>管护责任单位</td><td></td><td>检查人</td><td></td><td>检查日期</td><td></td></tr>
<tr><td>古树名木编号</td><td colspan="2"></td><td>树种</td><td colspan="2"></td></tr>
<tr><td>古树级别</td><td></td><td>树高（m）</td><td></td><td>胸径（主蔓长）（cm）</td><td></td></tr>
<tr><td>生长地点</td><td colspan="5"></td></tr>
<tr><td>生长势</td><td colspan="5">①正常 ②衰弱 ③濒危 ④死亡</td></tr>
<tr><td>树体状况描述</td><td colspan="5"></td></tr>
<tr><td>保护范围内立地条件描述</td><td colspan="5"></td></tr>
<tr><td>地上保护措施描述</td><td colspan="5"></td></tr>
<tr><td>地下复壮措施描述</td><td colspan="5"></td></tr>
<tr><td>异常情况描述</td><td colspan="5">①枝干外伤；②枝干空洞；③枝干劈裂、折断；④树体倾斜、倒伏；⑤地下伤根；⑥根系土壤践踏板结；⑦危害性病虫害；⑧其他（说明）</td></tr>
<tr><td>保护措施</td><td colspan="5"></td></tr>
<tr><td>落实情况</td><td colspan="5"></td></tr>
<tr><td>备注</td><td colspan="5">（附照片，粘贴于本表背面）</td></tr>
</table>